◎ 连山 著

# 高效能思维

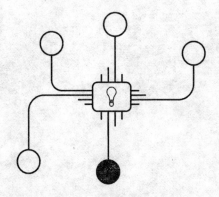

中国华侨出版社 北京

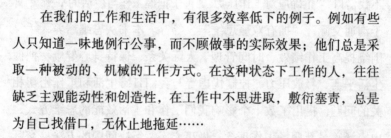

# 前言

在我们的工作和生活中，有很多效率低下的例子。例如有些人只知道一味地例行公事，而不顾做事的实际效果；他们总是采取一种被动的、机械的工作方式。在这种状态下工作的人，往往缺乏主观能动性和创造性，在工作中不思进取，敷衍塞责，总是为自己找借口，无休止地拖延……

另外，我们也可以看到很多做事高效的例子。例如有些人做起事来注重目标，注重程序，他们在工作中往往采取一种主动而积极的方式。他们工作起来对目标和结果负责，做事有主见，善于创造性地开展工作，工作中出现困难的时候会积极地寻找办法，勇于承担责任，无论做什么总是会给自己的上司一个满意的答复。

高效能人士与做事缺乏效率的人的一个重要区别在于：前者是主动工作、善于思考、积极找方法的人，他们既对过程负责，又对结果负责。而后者只是被动地等待工作，敷衍塞责，遇到困难只会抱怨，寻找借口。

另外，高效能人士不仅善于高效工作，同时也深谙平衡工作与生活的艺术。他们既不为工作所苦，也不为生活所累。他们不是一个不重结果，被动做事的"问题员工"，也不是一个执着于工作，忽视了生活、整日为效率所苦的"工作狂"。

一个游刃于工作与生活之中的高效能人士，应当具备很多素质，比如"做事有目标""能够正确地思考问题""是一个解决问题的高手""重视细节""高效利用时间""勇于承担责任，不找借口""正确应对工作压力""善于把握工作与生活的平衡""善于沟通交际""拥有双赢思维"，等等。本书从思维培养入手，围绕提高工作绩效、时间管理、人际关系、保持身心健康、把握生活平衡、释放压力、控制忧虑等与我们日常生活和工作密切相关的问题，提出了数十个影响我们工作和生活效能的思维方式，内容涵盖最新职场工作理念、做事心态、解决问题的方法、交际艺术、职业形象设计等方面内容。在书中我们对"高效能"的阐释同时涵盖工作和生活两个方面，在讲述一个人如何提高工作绩效的同时，对于如何处理工作与生活之间的矛盾，保持身心健康和充沛的精力也做了详尽的论述。

一位哲人说过：播下一种思想，收获一种行为；播下一种行为，收获一种习惯；播下一种习惯，收获一种性格；播下一种性格，收获一种命运。要不断提升自己的素质，做一名合格的高效能人士，我们就要养成正确的工作和生活的思维方式，遵循本书所提出的思维方式，你将收获高效能的工作和生活。

# 目录

CONTENTS

## 第五章　自控思维：化压力为动力的平衡之道

## 第六章　时间思维：每天多出一小时的时间管理秘诀

# 第一章

# 深度思维

透过复杂直抵问题的本质

↑

# 从重点问题突破

从重点问题突破，是高效能人士思考的习惯之一，如果一个人没有重点地思考，就等于无主要目标，做事的效率必然会十分低下。相反，如果他抓住了主要矛盾，解决问题就变得容易多了。

查尔斯是一个具有重点思维习惯的人。他于1970年加入了凯蒙航空公司从事业务工作，3年以后，美国西南航空公司出资买下了这家公司，查尔斯先后担任了市场调研部主管和公司经理。由于他熟悉业务，并且善于解决经营中的主要问题，使得这家公司发展成北美第一流的旅游航空公司。

查尔斯的经营才能得到了公司高层领导的高度重视，他们决定对查尔斯进一步委以重任。

航联下属的一家国内民航公司购置了一批喷气式客机，由于经营不善，连年亏损，到最后就连购机款也偿还不起。1978年，查尔斯调任该公司的总经理。担任新职的查尔斯充分发挥了擅长重点思维的才干，他上任不久，就抓住了公司经营中的问题症结：国内民航公司所制定的收费标准不合理，早晚高峰时间的票价和中午空闲时间的票价一样。查尔斯将正午班机的票价削减一半以上，以吸引去瑞典湖区、山区的滑雪者和登山野营者。此举一出，很快就吸引了大批旅客，载客量猛增。查尔斯任主管后的第一年，国内民航公司即扭亏为盈，并获得了丰厚的利润。

查尔斯认为，如果停止使用那些大而无用的飞机，公司的客运量还会有进一步的增长。一般旅客都希望乘坐直达班机，但庞大的"空中巴士"无法满足他们的这一愿望，尽管DC-9客机座位较少，但如果让它们从斯堪的纳维亚的城市直飞伦敦或巴黎，就能赚钱。但是原来的安排是DC-9客机一般到了哥本哈根客运中心就停飞，旅客只好去转乘巨型"空中客车"。查尔斯把这些"空中客车"撤出航线，仅供包租之用，辟设了奥斯陆—巴黎之类的直达航线。

与此同时，查尔斯的另一举措也充分显示了他的重点思维能力，这就是"翻新旧机"。

当时市场上的那些新型飞机引不起查尔斯的兴趣，他说，就乘客的舒适程度而言，从DC-3客机问世之日起，客机在这方面并无多大的改进，他敦促客机制造厂改革机舱的布局，腾出地盘来加宽过道，使旅客可以随身携带更多的小件行李。查尔斯不会想不到他手下的飞机已使用达14年之久，但是他声称，秘诀在于让旅客觉得客机是新的。西南航空公司拿出1 500万美元（约为购买一架新DC-9客机所需要费用的6倍）来给客机整容，更换内部设施，让班机服务人员换上时尚新装。公司的DC-9客机一直使用到1990年。靠着那些焕然一新的DC-9客机，招徕越来越多的旅客，当然，滚滚财源也随之而来。

## 一、集中精力在重要问题上

查尔斯是善于重点思维的典范。成功人士遇到重要的事情时，一定会仔细地考虑：应该把精力集中在哪一方面呢？怎么做才能使我们的人格、精力与体力不受到损害，又能获得最大的效益呢？

把精力集中在重要问题上，从重要问题上寻求突破，是高效能人士的一项重要习惯。拿破仑·希尔认为正确的思维方法应遵循两个原则：第一，必须把事实和纯粹的资料分开；第二，事实必须分成两种，即重要的和不重要的，或是有关系的和没有关系的。

在达到你的主要目标的过程中，你所能使用的所有事实都是重要而有密切关系的，而那些不重要的则往往对整件事情的发展影响不大。某些人忽视这种现象，那么机会与能力相差无几的人所做出的成就大不一样。

那些有成就的人都已经培养出一种习惯，就是找出并设法控制那些最能影响他们工作的重要因素。这样一来，他们也许比起一般人来会工作得更为轻松愉快。他们已经懂得秘诀，知道如何从不重要的事实中抽出重要的事实，这样，他们等于已为自己的杠杆找到了一个恰当的支点，只要用小指头轻轻一拨，就能移动原先即使以浑身的力量也无法移动的沉重的工作分量。

一个人只有养成了重点思维的习惯，才能在实际中避免眉毛胡子一把抓，从而赢得经营上的成功和丰厚的利润。也才会在日后的工作中取得良好的成绩。

另外，具有重点思维习惯的人从来不会去回避问题。因为最大的问题，可能恰恰是"没有问题"。正如一位知名企业家所言：

"最危险的瞬间往往发生在成功的瞬间。"对于每一个人来说，问什么样的问题，就意味着他可能得到什么样的结果。

## 二、多问几个"为什么"

人的一生会碰到各种各样的问题，这些问题有大有小。

世界上的问题有两种，一种叫作暂时性问题，另一种叫作永久性问题。比如说，你在饭店吃饭时，服务员不小心将油腻的汤汁全洒在你身上，你的衣服弄脏了，而且还有轻微的烫伤。这个问题属于暂时性问题，你把衣服一洗，就没事了，问题就解决了，所以暂时性问题不是问题。但是万一洗不掉，怎么办？这就成了永久性问题了。既然是永久性问题，那就无法解决。既然是无法解决的问题，你耿耿于怀也无济于事。所以，永久性问题也不是问题。

在这个世界上，万事万物都是成对存在的，有上就有下，有白就有黑，有阳就有阴。任何事情都有两面性，有积极的，也有消极的。关键是你如何看待它。

面对任何事情的发生都要问这样的问题：

1. 这件事情发生的目的是什么？

2. 不是问我失去了什么，而是问我要如何才能得到。

3. 这件事的发生对我有什么好处。

4. 我要如何才能做得更好。

5. 对于这件事我学到了什么。

问什么样的问题，就能得到什么样的答案。问好的问题，得到好的结果；问不好的问题，得到不好的结果。那些具备重点思维的高效能人士之所以能够取得成功，就是因为他们懂得问比较好的问题。

英特尔公司的副总裁吉尔伯特先生建议我们从以下5个方面去找问题：

第一，向"关键点"要问题。关键点往往决定全局。因此，请重视：哪些点、哪些环节、哪些岗位、哪些人、哪些时间是关键的？"关键点"抓准了就会"纲举目张"。

第二，向"薄弱点"要问题。一个链条有10个链环，其中9个链环都能承受100千克的拉力，唯独有一个链环的承受拉力只有10千克。那么这个链条总体能承受的拉力取决于最薄弱的那个环节，只能是10千克。"木桶原理"也指出：木桶能盛多少水，不是取决于最长的那些板，而是取决于最短的那块板。

第三，向"盲点"要问题。盲点就是你疏忽而看不到的地方。向盲点要问题，就是要到我们容易忽视的点：岗位、部门、工序、人员、时间等上面，去发现问题，或去防止问题的发生。

第四，向"奇异点"要问题。奇异点，是异乎寻常的点。异常现象可以提供新的机遇，或者引发创新，带来变革，也可以引发破坏，从而带来不可弥补的损失。

第五，向"结合点"要问题。上下级之间、家庭与工作单位之间、前后工序之间、甲乙方之间、单位与外部环境之间、计划的两个环节之间，等等，都属于两个事物的连接部位，即结合点。结合点是最容易出现问题的。为什么？因为结合点部位是信息的集散地，是矛盾的集中地，是人们注意力的关注点。

找准了这5点，不仅容易避免出现引发损失的问题，还能把损失减小到最低程度。而且由于善于探寻问题，很可能还有新的创造与发现。

↑

# 发现问题关键

在许多领导者看来，高效能人士应当具备的最重要的能力就是发现问题关键的能力，因为这是通向问题解决的必经之路。正如微软总裁，首席软件设计师比尔·盖茨所说："通向最高管理层的最迅捷的途径，是主动承担别人都不愿意接手的工作，并在其中展示你出众的创造力和解决问题的能力。"

然而，就像人们常说的那个"钥匙圈"的故事那样，任意抽出一把钥匙，并问道："这是什么地方的钥匙？""开家门的。""它可以用来开你的汽车吗？""当然不行。""为什么不能用这把钥匙开车门呢？"答案显而易见，问题不在钥匙本身，而在你的选择和使用。解决问题也一样，最为紧要的是要找到问题的关键所在。

## 一、正确地界定问题

著名的人力资源培训专家吴甘霖博士曾说过："要解决问题，首先要对问题进行正确界定。弄清了'问题到底是什么？'就等于找准了应该瞄准的'靶子'。否则,要么劳而无功,要么南辕北辙。"

事实上,将一个问题良好地界定,就等于已经解决了问题的一半了。

当我们谈到解决问题,很多人可能会说:好啊,赶快告诉我们解决问题的技巧吧!让我在最短时间内成为一个解决问题的高手,从而让我的业绩成倍翻番,方方面面都很出色。

现实生活中有很多问题亟待我们解决,但是,如果你首先就冲着快点解决问题的目标而去,而不着眼于发现问题,那么你很可能会像足球运动员一瞄准球门就匆忙射门一样,结果只能是白费力气。

1920年,阿迪·达斯勒在德国的一个小镇上,在他母亲20平方米的洗衣房里手工制成了第一双运动鞋。1927年,达斯勒怀着生产1 000双完美运动鞋的目标将工厂迁往达斯勒大厦。当时,他的事业刚刚起步。为了在短时期内取得最好的效果,他组织了一个研究班子,制作了几种款式新颖的鞋子投放市场。结果订单纷至沓来,工厂生产忙不过来。

为了解决这个问题,工厂想办法招聘了一批生产鞋子的技工,但还是远远不够。这可怎么办?如果鞋子不能按期生产出来,工厂就不得不给客户一大笔赔偿。

于是达斯勒召集大家开会研究对策。主管们讲了很多办法,但都不行。这时候,一位名字叫作杰克的年轻小工举手要求发言。

"我认为,我们的根本问题不是要找更多的技工,其实不用这些技工也能解决问题。"

"为什么？"

"因为真正的问题是提高生产量，增加技工只是手段之一。"

大多数人觉得他说的话不着边际，但达斯勒很重视，鼓励他讲下去。

杰克涨红了脸，怯生生地说："我们可以用机器来做鞋。"

这在当时可是一件新鲜事，立即引起大家哄堂大笑："孩子，用什么机器做鞋呀，你能制作这样的机器吗？"

杰克面红耳赤地坐了下去，但是他的话却深深触动了达斯勒，他说："这位小兄弟指出了我们的一个思想盲区：我们一直认为我们的问题是招聘更多的技工。但这位小兄弟却让我们看到了真正的问题是要提高效率。尽管他不会创造机器，但他的思路很重要。因此，我要奖励他500马克。"

那可是一笔不小的奖金，相当于小工半年的工资。但这笔奖励是值得的。老板根据小工提出的新思路，立即组织专家研究生产鞋子的机器。4个月后，机器生产出来了，为公司日后成为世界知名品牌奠定了良好的基础。

后来，达斯勒在自传中谈到这个故事时，特别强调说：

"这位员工永远值得我感谢。这段经历，使我明白了一个十分重要的道理：遇到难题，首先是对问题进行界定。假如不是这位员工给我指出我的根本问题是提高生产率而不是找更多的工人，我的公司就不会有这样大的发展。"

的确如此，正如著名思想家杜威所说："一个界定良好的问题，已经将问题解决一半了。"毫无疑问，从解决各种工作中的问题到创造发明，甚至到治国安邦，界定问题都是解决问题的前提。

## 二、注重问题细节

海尔的管理层经常说的一句话就是："要让时针走得准，必须控制好秒针的运行。"我们要发现问题的关键，提高解决问题的能力，必须坚持从细节入手。

一天，美国福特公司客服部收到一封客户抱怨信，上面是这样写的：

"我们家有一个传统的习惯，就是我们每天在吃完晚餐后，都会以冰激凌来当我们的饭后甜点。但自从最近我买了一部你们的车后，在我去买冰激凌的这段路程上，问题就发生了。每当我买的冰激凌是香草口味时，我从店里出来车子就发不动。但如果我买的是其他的口味，车子发动就顺利得很。这是为什么呢？"

很快，客服部派出一位工程师去查看究竟。当工程师去找写信的人时，对方刚好用完晚餐，准备去买今天的冰激凌。于是，工程师一个箭步跨上车。结果，对方买好香草冰激凌回到车上后，车子果然又发不动了。

这位工程师之后又依约来了三个晚上。

第一晚，巧克力冰激凌，车子没事。

第二晚，草莓冰激凌，车子也没事。

第三晚，香草冰激凌，车子发不动。

……

这到底是怎么回事？工程师忙了好多天，依然没有找到解决的办法。工程师有点气馁，不知是不是该放弃，转而接受退车的现实。

神圣的职业使命感使工程师安静下来，开始研究从头到现在所发生的种种详细资料，如时间、车子使用油的种类、车子开出及开回的时间……不久，工程师发现，买香草冰激凌所花的时间比其他口味的要少。因为，香草冰激凌是所有冰激凌口味中最畅销的口味，店家为了让顾客每次都能很快地拿取，将香草口味特别分开陈列在单独的冰柜，并将冰柜放置在店的前端。

现在，工程师所要知道的疑问是，为什么这部车会因为从熄火到重新激活的时间较短时就会发不动？原因很清楚，绝对不是因为香草冰激凌的关系，工程师很快地由心中浮现出答案：应该是"蒸汽锁"在作祟。买其他口味的冰激凌由于花费时间较多，引擎有足够的时间散热，重新发动时就没有太大的问题。但是买香草口味时，由于时间较短，引擎太热以至于还无法让"蒸汽锁"有足够的散热时间。

在这个事件中，购买香草冰激凌虽然与发动机熄火并无直接联系，但购买香草冰激凌确实和汽车故障存在着逻辑关系。问题的症结点在一个小小的"蒸汽锁"上，这是一个很小的细节，而且这个细节被细心的工程师所发现，从而找到了解决问题的关键。

事件使我们获得启发：提升解决问题的能力，必须要从细节入手。

## 三、站在公司的立场上，注重团队合作

一名高效能人士善于把握问题的关键，并且始终会站在公司的立场上，注重团队合作，将自己的注意力投向公司及个人的整

体业绩和外部的世界，而不是自己的专业、技能或本部门。他们的视野广阔，在工作中，他们会认真考虑自己现有的技能水平、专业，乃至自己领导的部门与整个组织或组织目标应该是什么关系，他们常常站在企业的立场上，从客户或消费者的角度出发去考虑解决问题。这是因为，不管生产什么产品，提供什么服务，其目的都是帮助消费者或顾客解决问题。

施耐特是 IBM 公司的一位产品经理，以善于解决问题而备受上司赏识。可是最近他似乎遇到了一道看似不可逾越的屏障。他新着手的一项新产品设想几乎通过所有的关卡，但唯独没有得到工厂经理的签字。而且经过与这位工厂经理的多次讨论之后，工厂经理还是不赞成他的这项设想。可是新产品一旦实施，就会给工厂带来可观的效益。怎能就这样轻易放弃呢？为了克服这种情绪上的抵抗，施耐特想出了一套办法。首先，他请两位工厂经理非常尊敬的人给工厂经理送去两份（有利于这项新产品的）市场研究报告，然后还请本公司最大的客户代表帮忙，请他在电话交谈时，提到这项新产品的发展计划，并且表示"我很希望此产品如期完成"。其次，他利用一次开会的机会，让两位工程师在开会之前接近这位工厂经理，讲一些有利于这项产品的实验结果。最后，他召开了一次会议，讨论这项产品，他请来的人都是工厂经理比较喜欢（或者尊敬）的人，而且这些人都觉得这项新产品设想不错，这次会后第二天，产品部经理就请工厂经理签字，结果成功了。

企业的问题是每一个人的问题。如果我们要提高自己解决问题的能力，就应该让别人知道，你所代表的，不单单是你自己的立场，更是公司的立场。只有这种巨大力量，才会引导你找到解决问题的关键！

↑

# 把问题想透彻

把问题想透彻，是一种很好的思维品质。只有把问题想透彻了，才能知道问题到底是什么，才能找到解决问题最有效的方法。

从前有一位地毯商人，看到最美丽的地毯中央隆起了一块，便把它弄平了。但是在不远处，地毯又隆起了一块，他再把隆起的地方弄平。不一会儿，在一个新地方又隆起了一块，如此一而再、再而三地，他试图弄平地毯；直到最后他拉起地毯的一角，看到一条蛇溜出去为止。

很多人解决问题，只是把问题从系统的一个部分推移到另一部分，或者只是完成一个大问题里面的一小部分。比如，工厂的某台机器坏了，负责维修的师傅只是做一下最简单的检查。只要机器能正常运转了，他们就停止对机器做一次彻底清查；只有当机器完全不能运转了，才会引起人们的警觉。这种只满足于小修小补的态度如果不转变，将会给公司和个人带来巨大的损失。正确的做法是把问题想透彻，找出合理的方案，将问题一次性地彻底解决。

马博是某食品公司的业务主管。有一次，他从一个用户那里考察回来后，敲响了经理办公室的门。

"情况怎样？"经理劈头就朝马博问道。

马博坐定后，并不急于回答经理的问话，而是显得有些心事重重的样子。因为他十分了解经理的脾气，如果直接将不利的情况汇报给他，经理肯定会不高兴，搞不好还会认为自己没尽力去办。

经理见马博的样子，已经猜出了肯定是对公司不利的情况，于是改用了另一种方式问道："情况糟到什么程度，有没有挽救的可能？"

"有！"这回马博回答得倒是十分干脆。

"那谈谈你的看法吧！"

马博这才把他考察到的情况汇报给经理："我这次下去了解到，这个客户之所以不用我们厂的产品，主要是因为他们已经答应从另一个乡镇食品厂进货。"

"竟有这样的事！那你怎么看呢？"

"我想是这样的，我们公司的产品应该比乡镇企业的产品有优势，我们的产品不但质量好而且价格也很公道，在该省已经具有了一定的知名度。"

"就是嘛，一个小小的乡镇企业怎么能和我们相比呢？"经理打断了马博的汇报。

"所以说，我们肯定能变不利为有利。最重要的是，当地的客户多年来使用我们公司的产品，与我们有很好的合作基础，这是我们的优势所在。但该客户答应与那个乡镇企业订货，主要是因为那个乡镇企业距离他们较近，而且可以送货上门。这一点，我们不如那家乡镇企业，但我们可以直接到每个乡镇去走访，在每个乡镇找一个代理商，这样问题就解决了。"

"小马，你想得真周到，不但找到了症结所在，还想出了解决的办法，要是公司里的员工都像你这样有责任心就好了。"

"经理过奖了，为公司分忧是我的责任。经理您工作忙，我就不打扰您了。"

不久，马博被调到了销售科专门从事产品营销，公司的销量节节上升，马博也越来越受到重视，很快成了公司的业务骨干。

如果你也能在事情已经濒临危机的情况下，做一番缜密的思考，甚至把某一小点当作中心，便可有解决问题的"王牌"。其实，真正的"王牌"不是你处世的方法，而是你的细心和智慧。

许多人有一种把工作做了一会儿，或是只完成工作的某部分，就把工作停止放在一边的习惯。而且他们充分相信，他们已经完成了什么。

事实果真如此吗？这样做，犹如足球运动员在临门一脚的刹那收回了脚，前功尽弃，白白浪费力气。有些时候，它甚至会耽搁人们发现错误与危险，导致危害的大规模爆发。

对于有志于做一名成功的高效能人士的你来说，有始无终的工作恶习最具破坏性，也最具危险性。它会吞噬你的进取之心，它会使你与成功失之交臂。一个人一旦养成了有始无终、半途而废的坏习惯，他永远不可能出色地完成任何任务。

在一些知名的效率专家看来，衡量一个人工作效能高低的一个重要标准就是看他能否将问题彻底地解决。一个做事高效的人应当是一个勇于承担责任的人，是个言出必行的人。了解做事的事理，把事情做得彻彻底底，才算是一名真正的高效能人士。

如果你有能力，业绩却远远落后于他人，不要疑惑，不要抱怨，问问自己是否能把工作进行到底，答案如果是否定的，这就是你无法取胜的原因。对于任何一件工作，要么干脆别动手，要么就有始有终，彻底完成。有一句话说得好："笑到最后的，才是最聪明的。"

当公司因经营或管理不善而出现危机的时候，高效能人士作为一个问题的解决者是不应当袖手旁观的，更不应该拂袖而去，而是应当像文中的马博一样，从危机中寻找解决问题的方法，将危机当成一个让自己成长的机会。

↑

## 把握关键细节

莫奈曾经画过一幅描绘女修道院厨房的画。画面上正在工作的不是普通的人，而是天使。一个正在架水壶烧水，一个正优雅地提起水桶，另外一个穿着厨衣，伸手去拿盘子——在常人看来最平凡、最细小的事，天使们却认为值得全神贯注地去做。

## 一、把握关键细节

老子说过："天下难事，必做于易；天下大事，必做于细。"精辟地指出了我们要想成就一番事业，必须从简单的事情入手，从细微之处入手。同样，著名建筑大师密斯·凡·德·罗，在被要求用一句话来描述他成功的原因时，他概括地说："魔鬼藏于细节。"他反复强调，如果对细节的把握不到位，无论你的建筑方案如何恢宏大气，都称不上成功的作品。可见无论古今中外，细节成了所有成功人士所共同重视的关键。

任何人都不可否认的一个事实就是：最伟大的事物往往是由最细小的事物点点滴滴汇集而成的。同样，绝大多数人的成功也是把握了每一个关键细节，从在做好每一件工作和生活中的小事后，一步步地走向成功的。

日本狮王牙刷公司的员工加藤信三就是一个很好的例子。有一天，加藤为了赶去上班，刷牙时急急忙忙，没想到牙龈出血。他为此大为恼火，上班的路上仍是非常气愤。

回到公司，加藤马上联系几个工作中要好的伙伴，相约一起合作解决牙刷容易导致牙龈出血的问题。

他们想了不少解决刷牙造成牙龈出血的办法，如把牙刷毛改为柔软的狸毛；刷牙前先用热水把牙刷泡软，多用些牙膏，放慢刷牙速度，等等，但效果均不太理想，后来他们进一步仔细检查牙刷毛，在放大镜底下，发现刷毛顶端并不是尖的，而是四方形的。加藤想："把它改成圆形的不就行了！"于是他们着手改进牙刷。

经过实验取得成效后，加藤正式向公司提出了改变牙刷毛形状的建议，公司领导看后，也觉得这是一个特别好的建议，欣然把全部牙刷毛的顶端改成了圆形。改进后的狮王牌牙刷在广告媒介的作用下，销路极好，销量直线上升，最后占到了全国同类产品的40％左右，加藤也由普通职员晋升为科长，十几年后成为公司的董事长。

牙刷不好用，在我们看来都是司空见惯的小事，所以很少有人想办法去解决这个问题，机遇也就从身边溜走了。而加藤不仅发现了这个小问题，而且对小问题进行细致的分析，从而使自己和所在的公司都取得了成功。

看不到细节，或者不把细节当回事的人，对工作缺乏认真的态度，对事情只能是敷衍了事。这种人无法把工作当作一种乐趣，而只是当作一种不得不接受的苦役，因而在工作中缺乏热情。而考虑到细节、注重细节的人，不仅认真地对待工作，将小事做细，并且注重在做事的细节中找到机会，从而使自己走上成功之路。

## 二、做小事，成大事

把握关键细节是高效能人士的一项重要习惯。做好小事方能成就大事，如果你想在工作中成就一番事业，就应当注意从小事入手，做好每一个细节。

### 1. 处处留心信息

现在是高速发展的社会，信息对于一个人的决策至关重要。对于公司老板而言，由于处理事务的层面较多，欠缺了许多第一手材料，这时候往往需要员工的查漏补缺，及时反馈有效信息。

所以，不要因为自己职低位卑，就觉得那些只是属于决策层的事，与你无关，不用你去操心。往往正是这些被疏忽了的小细节，影响着公司的进一步发展。

2. 尽忠职守

高效能人士应当尽职尽责，尽忠职守，将自己岗位上的每一件事都做得非常出色。

石油大王洛克菲勒刚参加工作时，因学历不高，又没有什么特别的技术，他在公司做的工作，连小孩都能胜任，就是巡视并确认石油罐盖有没有自动焊接好。他发现罐子旋转一次，焊接剂滴落 39 滴，焊接工作便结束。就这样一件小事，却促使他产生了能否对焊接技术加以改善的思考。一次，他突然想：如果能将焊接剂减少一两滴，是不是能够节省成本？

经过一番研究，洛克菲勒终于研制出"37 滴型"焊接机。但是，利用这种机器焊接出来的石油罐，偶尔会漏油，并不实用。他不灰心，又研制出"38 滴型"焊接机。这次的发明非常完美，公司对他的评价很高。不久便生产出这种机器，改用新的焊接方式。

虽然节省的只是一滴焊接剂，但这"一滴"却替公司带来了每年 5 亿美元的新利润。

"改良焊接剂"改变了洛克菲勒的人生。他成功的关键在于：普通人工作时往往会忽略的平凡小事，而他却特别注意。

3. 从大处着眼，小处着手

一些管理者认为，企业的高层经营管理者不应管细节问题，而只需把握企业的主干——生产、经营和销售等方面的大原则就可以了，各种具体的细节问题应完全放手让部属去干。其实这是一种欠缺的管理方法，卓越管理者从来不会对细节问题撒手不顾，反而在适当之时会对它追根究底。

日本松下电器公司的创始人松下幸之助就是这么一个杰出的管理者。他的一位行政主管说过："在松下公司由松下先生亲自负责解决的问题——有许多是小问题——比其他任何一家大公司都要多。"也许有人要说这种管理方法太婆婆妈妈了，其实不然。正是由于松下先生对"确凿事实"持之以恒的追求，严谨的工作作风和细致的办事原则，才使该公司的销售额与资产的比率一直稳步上升。这些功绩虽然得靠全体员工的共同努力，但在相当程度上得益于松下先生严谨细致的管理方法。他不仅把公司规模扩大了10倍，而且把它变成了一台协调有效的机器。

管理者对待员工最有效的方法是笼络住他们的心，因为员工的忠诚和主动是企业生存和发展的关键，而使员工对企业充分信任，只要从一件小事开始就可以了。大多数时候，一句话足以获得员工对企业的一颗真心和忠诚。

总之，一名高效能人士要想把每一件事情做到无懈可击，就必须从小事做起，付出你的热情和努力。如果能很好地完成这些小事，将来准能成为军队中的将领、饭店的总经理、公司的老总，反之，如果对此感到乏味、厌倦不已，始终提不起精神，或者因此敷衍应付差事，勉强应对工作，将一切都推到"英雄无用武之地"的借口上，那么你现在的位置也会岌岌可危。在小事上都不能胜任的员工，谈何在大事业上"大显身手"？

# 第二章

# 专注思维

化繁为简的惊人力量

# 要事第一

## 一、正确地做事与做正确的事

　　创设遍及全美的市务公司的亨瑞·杜哈提说，不论他出多少薪水，都不可能找到一个具有两种能力的人。这两种能力是：第一，能思想；第二，能按事情的重要程度来做事。因此，在工作中，如果我们不能选择正确的事情去做，那么唯一正确的事情就是停止手头上的事情，直到发现正确的事情为止。由此可见，做事的方向性是至关重要的。然而，在现实生活中，无论是企业的商业行为，还是个人的工作方法，人们关注的重点往往都在于前者：效率和正确做事。

　　实际上，第一重要的却是效能而非效率，是做正确的事而非正确地做事。"正确地做事"强调的是效率，其结果是让我们更快地朝目标迈进；"做正确的事"强调的则是效能，其结果是确保我们的工作是在坚定地朝着自己的目标迈进。换句话说，效率重视的是做一件工作的最好方法，效能则重视时间的最佳利用——这包括做或是不做某一项工作。

　　"正确地做事"是以"做正确的事"为前提的，如果没有这样的前提，"正确地做事"将变得毫无意义。首先要做正确的事，然后才存在正确地做事。正确地做事，更要做正确的事，这不仅仅是一个重要的工作方法，更是一种很重要的工作理念。任何时候，对于任何人或者组织而言，"做正确的事"都要远比"正确地做事"重要。

正确地做事与做正确的事是两种截然不同的工作方式。正确地做事就是一味地例行公事，而不顾及目标能否实现，是一种被动的、机械的工作方式。工作只对上司负责，对流程负责，领导叫干啥就干啥，一味服从，铁板一块，是制度的奴隶，是一种被动的工作状态。在这种状态下工作的人往往不思进取，患得患失，不求有功，但求无过，做一天和尚撞一天钟，混着过日子。

而做正确的事不仅注重程序，更注重目标，是一种主动的、能动的工作方式。工作对目标负责，做事有主见，善于创造性地开展工作。这种人积极主动，在工作中能紧紧围绕公司的目标，为实现公司的目标而发挥人的能动性，在制度允许的范围内，进行变通，努力促成目标的实现。

这两种工作方式的根本区别在于：前者只对过程负责，后者既对过程负责又对结果负责；前者等待工作，后者是主动地工作。同样的时间，这两种不同的工作方式产生的区别是巨大的。

卡尔森钢铁公司总裁查理·卡尔森，为自己和公司的低效率而感到忧虑，于是去找效率专家史蒂芬·柯维寻求帮助，希望他能够为他提供一套思维方法，告诉他如何在短短的时间里完成更多的工作。

史蒂芬·柯维说："好！我 10 分钟就可以教你一套至少提高效率 50% 的最佳方法。把你明天必须要做的最重要的工作记下来，按重要程度编上号码。最重要的排在首位，依此类推。早上一上班，马上从第一项工作做起，一直做到完成为止。然后用同样的方法对待第二项工作、第三项工作……直到你下班为止。即使你花了一整天的时间才完成了第一项工作，也没关系。只要它是最重要的工作，就坚持做下去。每一天都要这样做。在你对这种方法的价值深信不疑之后，叫你的公司的人也这样做。这套方法你愿意试多久就试多久，然后给我寄张支票，并填上你认为合适的数字。"

卡尔森认为这个思维方式很有用，不久就填了一张 25 000 美元的支票给史蒂芬·柯维。卡尔森后来坚持使用史蒂芬教授教给他的那套方法，5 年后，卡尔森钢铁公司从一个鲜为人知的小钢铁厂一跃成为最大的不需要外援的钢铁生产企业。卡尔森常对朋友说："我和整个团队坚持拣最重要的事情先做，我认为这是我的公司多年来最有价值的一笔投资！"

## 二、做到要事第一的关键

那么我们在工作中如何提高自己的工作效能，做到要事第一呢？

1. 明确公司目标

要做到要事第一，首先我们要明确公司的发展目标，站在全局的高度思考问题，这样可避免重复作业，减少错误的机会。

我们在工作中，必须理清的问题包括：我现在的工作必须做出哪些改变？可否建议我，要从哪个地方开始？我应该注意哪些事情，避免影响目标的达成？有哪些可用的工具与资源？

2. 找出"正确的事"

要实现要事第一，第二个关键就是要根据公司发展目标找出

"正确的事"。

工作的过程就是解决一个个问题的过程。有时候，一个问题会摆到你的办公桌上让你去解决。问题本身已经相当清楚，解决问题的办法也很清楚。但是，不管你要冲向哪个方向，想先从哪个地方下手，正确的工作方法只能是：在此之前，请你确保自己正在解决的是正确的问题——很有可能，它并不是先前交给你的那个问题。搞清楚交给你的问题是不是真正的问题，唯一的办法就是更深入地挖掘和收集事实，多问，多看，多听，多想，一般用不了多久，你就能搞清楚自己走的方向到底对不对。

### 3. 保持高度责任感

一名高效能人士在工作中要时刻保持高度的责任感，自觉地把自己的工作和公司的目标结合起来，对公司负责，也对自己负责；最后，发挥自己的主动性、能动性，去推进公司发展目标的实现。

### 4. 学会说"不"

一名高效能人士要学会拒绝，不让额外的要求扰乱自己的工作进度。

对于许多人来说，拒绝别人的要求似乎是一件难上加难的事情。拒绝的技巧是非常重要的职场沟通能力。在决定你该不该答应对方的要求时，应该先问问自己："我想要做什么？不想要做什么？什么对我才是最好的？"

在做决定时我们必须考虑，如果答应了对方的要求是否会影响既有的工作进度，而且会因为我们的拖延而影响到其他人？如果答应了，是否真的可以达到对方要求的目标。

### 5. 沟通增效

沟通在提高工作效率中有着十分重要的作用，例如，工作中你可能会出现"手边的工作都已经做不完了，又丢给我一堆工作，实在是没道理"这样的抱怨，这时候如果你保持沉默，很可能会给老板留下办事不力的印象，所以，如果你的工作中出现了这种情况，你切不可保持沉默，而应该主动沟通，清楚地向老板说明你的工作安排，主动提醒老板排定事情的优先级，并认真聆听老板的意见，这样可大幅减轻你的工作负担。

老板是需要被提醒的，在工作中，我们应该时刻提醒自己，与老板的沟通是否充分，我们有没有适当地反映真实情况？如果不说出来，老板就会以为我们有时间做这么多的事情。况且，他可能早就不记得之前已经交代给你太多的工作。

### 6. 过滤"次要信息"

高效能人士应当学会有效过滤次要信息，让自己的注意力集中在最重要的信息上。

工作中我们经常会被铺天盖地的电子邮件搞得疲惫不堪，更可怕的是，它们常常会分散我们工作的注意力，为我们做正确的事带来很大的干扰，为此，我们应该学会如何有效过滤次要信息，将自己的注意力集中在最重要的信息上。一般来说，正确的过滤流程分为两个步骤：第一步是先看信件主旨和寄件人，如果没有让自己觉得今天非看不可的理由，就可以直接删除。这样至少可以删除50%的邮件；第二步开始迅速浏览其余的每一封信件的内容，除非信件内容是有关近期内（如两星期内）必须完成的工作，否则就可以直接删除。这样又可以删除 25% 的信件。

7. 使用"优先表"

要事第一要求我们在工作中要善于发现决定工作效率的关键要事，在第一时间解决排在第一位的问题，在这个问题上，怎样确立时下最需要解决的问题就成了问题的关键和难点所在。著名的逻辑学家布莱克斯说过："把什么放在第一位，是人们最难懂得的。"

一个人在工作中常常难以避免被各种琐事、杂事所纠缠。有不少人由于没有掌握高效能的工作方法，而被这些事弄得筋疲力尽，心烦意乱，总是不能静下心来去做最该做的事，或者是被那些看似急迫的事所蒙蔽，根本就不知道哪些是最应该做的事，结果白白浪费了大好时光，致使工作效率不高，效能不显著。为此，每个人都应该有一个自己处理事情的优先表，列出自己一周之内急需解决的一些问题，并且根据优先表排出相应的工作进程，使自己的工作能够稳步高效地进行。

# 让工作变得简单

日常工作中，我们经常会遇到这样的现象：某位员工就某件事情汇报了半天，领导却不得要领，不知其主要说什么；某位员工就某件事写了一篇文字材料，洋洋数千言，可这件事到底是怎么回事，看了半天也不明白。这是效率低下的普遍表现。

主要从事组织沟通管理咨询的艾森克·胡德自 1992 年开始至今，曾对美国企业进行了一项以"简单管理"为专题的调查研究，长期观察企业员工的工作模式，探讨造成工作过量、效率低下的原因。最初的调查对象包括了来自 500 家企业的 2 500 名人士，持续至今已经扩大到 800 多家企业，人数达到 35 万人，其中包括了美国银行、通用电气、迪斯尼等国际知名的大型企业。

随后，艾森克将"简单"的理念运用到日常的工作实务上。根据他多年的研究调查结果，现代人工作变得复杂而没有效率的最重要原因就是"缺乏焦点"。因为不清楚目标，总是浪费时间，重复做同样的事情或是不必要的事情；遗漏了关键的信息，却浪费太多时间在不重要的信息上；抓不到重点，必须反复沟通同样的一件事情。

职场人士往往会有这样的体会，最初创业时，只有老板（包括合伙人）和被雇用者两个层级，那时候上下级之间的关系非常简单，工作效能也很高。然而，当发展成为大公司后，关系越来越复杂，管理也越来越困难了。这是什么原因？著名的管理大师彼得·德鲁克说过："最好的管理是那种交响乐团式的管理，一个指挥可以管理 250 个乐手。"他通过调查和研究得出的结论是，对企业而言，管理的层级越少越好，层级之间的关系越简单越高效。

同样，一名职场中的高效能人士必须想尽办法，化繁为简，将牵绊工作效率的障碍毫不足惜地甩掉。但"简单一些，不是要你把事情推给别人或是逃避责任，而是当你焦点集中、很清楚自己该做哪些事情时，自然就能花更少的力气，得到更好的结果"。艾森克在接受杂志访问时如此说道。简化问题，从细节入手，避免冗繁是我们简化工作的重要途径。

## 一、简化问题

美国威斯门豪斯电器公司董事长唐纳德·C.伯纳姆在《时间管理》一书中提出自己提高效率的一项重要原则：在做每一件事情时，应该问自己三个"能不能"：

1. 能不能取消它？
2. 能不能把它与别的事情合并起来做？
3. 能不能用更简便的方法来取代它？

在这三个原则指导下，善于利用时间的人就能把复杂的事情简单化，办事效率有很大提高，不至于迷惑于复杂纷繁的现象，处于被动忙乱的局面。无论是在工作中，还是在生活中，为了提高效率，就必须决心放弃不必要或者不太重要的部分，并且把重要的事情也进行有序化。

简化问题是我们简化工作的一个重要原则。正确地组织安排自己的活动，首先就意味着准确地计算和支配时间，虽然客观条件使你一时难以做到，但只要你尽力坚持按计划利用好自己的时间，并就此进行分析总结，然后采取相应的改进措施，你就一定能赢得效率。

## 二、从细节开始

简化工作要从我们工作中的一些细节方面入手。例如可以通过有效利用办公用具达到简化工作的目的。

**1. 有效利用名片简化人际管理**

名片不只是记载姓名电话的纸片而已，善用数字科技，有助于你日后的整理与搜寻。

你可以这样开始：接到一张新名片后，马上在名片记下"小抄"充当备忘录，内容包括：会面的日期与地点、在何种场合下碰面、会谈的主题与要点、由何人介绍认识，以及双方约定的后续接触事项。

**2. 合理利用记事本**

在记事本里，分作以下4项来登记：常用电话号码、待办杂务、待写文件、待办事项。事情办好之后，就可以用笔把它画掉。

如果不想弄得太复杂，记事本还可用颜色来增进效率。如用红笔显示紧急事务，黑笔代表一般的事。依需要选择不同颜色，标出事情的优先顺序和重要程度，可避免事到临头一团糟。颜色比较直观，这一点，比文字的效果好，简单明了。

**3. 做好环境管理**

一个人的工作次序与他所处的工作环境有很大的关系。办公桌整理得有条不紊，就避免了混乱，时间就不会在找这找那中浪费掉。加拿大知名企业家保罗·威克多说："一个办公桌上堆满很多种文件的人，如果能把他的桌子清理一下，留下手边急于处理的一些，就会发现他工作起来将更容易，也更实在。我称之为家务料理，这是提高效率的第一步。"

的确，办公环境的杂乱常常会让一个人在烦躁中度过效率低下的一天。无论你是一个高层领导，还是一名普通的员工，如果不注重收拾自己的办公环境，都可能在找东西上浪费了很多时间。"物有其位"，对于高效能人士来说，的确是一项十分有益的习惯。

即使你现在正在做一个项目，那也要在每次下班后把文件档案整理好，将目前不需要的各种书籍、文件夹、笔记和其他各类材料收到柜子里放好，为第二天继续工作做好准备。这样，你在第二天到办公室时会发现一切都井然有序，心情好，自然工作效率高。

### 三、避免冗繁

冗繁是效率管理的大敌。一位出色的高效能人士应当善于把握事物的重点，化繁为简。

世界 500 强企业之一的宝洁公司，其制度就具有人员精简、结构简单的特点。宝洁公司强烈地厌恶任何超过一页的备忘录，推行简单高效的卓越工作方法。

曾任该公司总裁的哈里在谈到宝洁的"一页备忘录"时说："从意见中择出事实的一页报告，正是宝洁公司做决策的基础。"他通常会在退回一个冗长的备忘录时加上一条命令："把它简化成我所需要的东西！"如果该备忘录过于复杂，他会加上一句："我不理解复杂的问题，我只理解简单明了的。"

国内有许多公司为了提高员工的工作效率，专门花重金请来专业的咨询公司，编写出一些文采飞扬、图文并茂、理论和案例也十分丰富的规定性和执行性文件，但最后这些文件的命运都是殊途同归，也就是往往被束之高阁，并没有达到管理者预期的目的。

同样，将所了解的事情用"一页备忘录"表述出来，并不是一件容易的事。一是需要对事情做深入细致的调查；二是要把所得到的材料反复研究，"了然于胸"，然后从中找出规律性、代表性、本质性的东西来。如何衡量是不是"吃透"了，一个最简便、最有效的方法是：看能不能用"一页备忘录"概括你要讲的或写的内容。如果做到了，说明吃透了。反之，则说明叙述者对所说或所写的内容仍然是心中无数，无论怎么表述都很难收到理想的效果。

化繁为简是高效能人士的一项重要习惯。马上行动，追求简单，事情就会变得越来越容易。反之，任何事情都会对你产生威胁，让你感到棘手、头痛，精力与热情也跟着低下。就像必须用双手推动一堵牢固的墙似的，费好大的劲儿才能完成某件事情。化繁为简，可以让你的工作变得可行，你的信心也会跟着大增。

## 不为小事困扰

下面是一个很富戏剧性的故事，也许会使你一读难忘。故事的主人公叫罗勒·摩尔。

1945年3月，我学到了一生最重要的一课。我是在中南半岛附近276英尺深的海底下学到的。当时我和另外87个人一起在贝雅号潜水艇上。我们通过雷达发现，一小支日本舰队正朝我们这边开来。黎明时分我们升出水面发动了攻击。我由潜望镜里发现一艘日本的驱逐护航舰、一艘油轮和一艘布雷舰。我们朝那艘驱逐护航舰发射了3枚鱼雷，但是都没击中。那艘驱逐舰并不知道它正受到攻击，还继续向前驶去，我们准备攻击最后的一条船——那条布雷舰。突然，它调过头来，直朝我们开来（一架日本飞机，看见我们在60英尺深的水下，把我们的位置用无线电通知了那艘日本的布雷舰）。我们潜到了150英尺深的地方，以避免被它侦测到，同时准备好应付深水炸弹。我们在所有的舱盖上都多加了几层栓子，同时为了使我们的沉降保持绝对的静默，我们关掉了所有的电扇、整个冷却系统和所有的发电机器。

3分钟以后，突然天崩地裂。6枚深水炸弹在我们的四周爆炸开来，把我们直压到海底深达276英尺的地方。我们都吓坏了，在不到1 000英尺深的海水里，受到攻击是非常危险的事情，如果不到500英尺的话，差不多都难逃劫运。而我们却在不到500英尺一半深的水里受到了攻击——要怎么样才算安全，说起来，水深等于只到膝盖部分。那艘日本的布雷舰不停地往下丢深水炸弹，攻击了15个小时，如果深水炸弹距离潜水艇不到17英尺的话，爆炸的威力可以在潜艇上炸出一个洞来。有十几个甚至是二十个深水炸弹就在离我们50英尺左右的地方爆炸，我们奉命"固守"——就是要静躺在我们的床上，保持镇定。我吓得几乎无法呼吸："这回死定了。"电扇和冷却系统都关闭以后，潜水艇的温度几乎有一百多度，可是我却因为恐惧而全身发冷，穿上了一件毛衣，又穿上一件带皮领的夹克，可还是冷得发抖。我的牙齿不断地打战，全身冒着一阵阵的冷汗。攻击持续了15个小时之久，终于停了下来。显然那艘布雷舰把它所有的深水炸弹都用光了，就驶离开去。这15个小时的攻击，感觉上就像过了1 500万年。我过去的生活都一一在眼前浮现，我想起了以前做过的所有的坏事，所有我曾担心过的一些小事情。我在加入海军以前，是一个银行的职员，曾经为工作时间太长、薪水太少、又没有多少升迁机会而发愁。

我曾经忧虑过，没办法买自己的房子，没有钱买部新车子，没有钱给我太太买好的衣服。我非常讨厌我以前的老板，因为他老是找我的麻烦。我还记得，每晚回到家里的时候，我总是又累又难过，经常和我的太太为一些鸡毛蒜皮的小事吵架；我也为我额头上的一个小疤——是一次车祸所留下的伤痕发愁过。

多年前，那些令人发愁的事看起来都是大事，可是在深水炸弹威胁下要把我送上西天的时候，这些事情又是多么的微不足道啊。就在那时候，我告诫自己，如果我还有机会再看见太阳和星星的话，我永远永远不会再忧愁了。永远不会！永远不会！永远也不会！在潜艇里面那可怕的15个小时里，我在生活中所学到的，比我在大学念了4年的书所学到的还要多得多。

下面是哈瑞·傅斯狄克博士所说的故事里最有意思的一个——有关森林里的一个巨人在战争中怎么得胜，怎么样失败。

在科罗拉多州长山的山坡上，躺着一棵大树的残躯。据自然学家讲，它曾经有很多年的历史。它初发芽的时候，哥伦布才刚在美洲登陆；第一批移民到美国来的时候，它才长了一半大。在它漫长的生命里，曾经被闪电击中过 14 次；多年来，无数的狂风暴雨侵袭过它，它都能战胜它们。但是在最后，一小队甲虫攻击了这棵树，那些甲虫从根部往里面咬，渐渐伤了树的元气。就只靠它们很小、但持续不断的攻击，使它倒在地上。这个森林里的巨人，岁月不曾使它枯萎，闪电不曾将它击倒，狂风暴雨没有伤着它，却因一些小得用大拇指跟食指就可以捏死的小甲虫而终于倒了下来。

我们的经历就像森林中的那棵身经百战的大树。我们曾经历过生命中无数狂风暴雨和闪电的打击，但都撑过来了。可是却会让我们的心被忧虑的小甲虫咬噬——那些用大拇指跟食指就可以捏死的小甲虫。

人活在世上只有短短几十年，却浪费了很多时间去为一些一年之内就会忘了的小事发愁。

因此，如果你要让自己成为一名高效能人士，不要为一些小事而忧虑难过，记住这一条规则：

不要让自己因为一些应该丢开和忘掉的小事烦恼，要记住：生命太短暂了。

# 专注目标

　　奥林匹克运动会十项全能金牌获得者詹姆斯·卡特为了实现自己的目标，用运动器械装备了整个寓所，以便每天提醒他去实现自己的目标。他将十项全能每个项目的器械放在他不训练时也能看到的地方，跨高栏是他最差的一项，他就将一个栏放在起居室的正中央，每天必须跨越 30 次；他的制门器是个铅球；杠铃就放在室外廊檐下；撑竿跳高用的竿子和标枪在沙发后竖立着；壁橱里放着他的运动制服、棉织套服和跑鞋。詹姆斯说这种不寻常的陈设在他准备在奥运会夺冠的过程中，帮助他改善了他的竞技状态。

　　如果你想让自己成为一个高效能人士，也应当像詹姆斯·卡特那样始终专注于目标，为你的目标创建一种经常提醒自己的方式。比如，将你确定的目标和实施计划写在便笺上或是记事本上，并将它们有计划地放置在你的家中和办公室里，使你能够常常看到它们；或者将你对自己目标和实现计划的陈述录在磁带上，在你开车、做杂务、休息或思考时播放它们；将你的实施计划编辑在你的电脑屏幕保护屏上；或者，将你须首要实施的计划输入计算机，并用装饰纸打印出来，然后将这些纸悬挂在办公室、卧室的镜子上，甚至是冰箱上。这样，你的目标和计划就常常出现在你的眼前，帮助你始终将注意力放在这些最重要的事情上面。

你也可以让你的梦想始终环绕着你，通过多种方法来建立自己的提示途径。采取什么方法并不重要，重要的是行动！詹姆斯·卡特的方法非常具有想象力，甚至有点出格了，但它的确帮助他实现了自己的梦想。

美国明尼苏达矿业制造公司（3M）的口号是："写出两个以上的目标就等于没有目标。"这句话不仅适用于公司经营，对个人工作也有指导作用。"年轻人事业失败的一个根本原因，就是做事没有固定的目标，他们的精力太过分散，以至于一无所成。"这是戴尔·卡耐基在分析了众多个人事业失败的案例后得出的结论。事实的确如此，生活中的许多失败者几乎都在好几个行业中艰苦地奋斗过。然而如果他们的努力能集中在一个方向上，就足以使他们获得巨大的成功。

"瞧这儿，"一个农场主对他新来的帮手汤米说，"你这种犁法是不行的，你都犁歪了，在这样弯曲的犁沟中，玉米会长得很混乱。你应该让你的眼睛盯住田地那边的某样东西，然后以它为目标，朝它前进。大门旁边的那头奶牛正好对着我们，现在把你的犁插入土地中，然后对准它，你就能犁出一条笔直的犁沟了。"

"好的，先生。"

10分钟以后，当农场主回来时，他看见犁痕弯弯曲曲地遍布整块田地。

"停住！停在那儿！"

"先生，"汤米说，"我绝对是按照你告诉我的在做，我笔直地朝那头奶牛走去，可是它却老是在动。"

因为目标总是在变动，你就不得不在这个目标和那个目标之间疲于奔命，这是一种没有目的、缺少头脑，而且非常笨拙的工作方法。

### 1. 专注目标方能成为专业人才

福威尔·伯克斯顿把自己的成功归因于勤奋和对某个目标持之以恒的毅力。在追求某个目标时，他从来都是全身心地投入。正是对自身奋斗目标的清楚认识和执着追求，造就了他最后的成功。正如人们所说的，持之以恒，锲而不舍，则百事可为；用心浮躁，浅尝辄止，则一事无成。

一个人只有专注于自己的目标，他才会成为某一行业的专家人才。你也许会注意到，针尖虽然细不可见，剃刀或斧头的刀刃虽然薄如纸片，然而，正是它们在披荆斩棘中起着决定性的开路先锋的作用。如果没有针尖或刀刃，那么针或刀都无法发挥作用。在生活中，能够克服艰难险阻，最后顺利到达成就巅峰的人，也必是那些能够在某一领域学有所专、研有所精，因而有着刀刃般锐利锋芒的人。

尤其是在专业化程度越来越高的现代社会，工作对个人的知识和经验不断提出了更高、更广、更深的要求。一个做事时总是摇摆不定、变来变去的人，只会将自己长时间积累的职业经验和资源都舍弃了，无法强化自己的专业知识，无法形成自己的核心能力，也就无法超越他人。这样的人在社会上是没有立足之地的。

日本有句谚语叫作"滚石不生苔"，所谓"滚石不生苔"是指不在一个地方稳定下来而一直四处打转的话，就不会得到现实的收获。这里的"苔"指的是经验、资产、技巧、信用等。

一个人离开原来的工作转而从事新的工作，他的损失是相当大的，如多年来他所积累的资历、职位、经验和人际关系网络等，也就是说，过去花费在这份工作上的时间成本可能变得完全无用了。另外，人都是有行为定式和心理惰性的，到了一定的年龄，经验增长了许多，锐气却也消磨了不少，这是一种资源损失，也能使很多人缺乏面对新挑战的勇气和决心。

2. 专注目标才能脱颖而出

一个人只有集中精力于自己的目标，才会在事业上脱颖而出，取得骄人的成就。拿破仑·希尔认为，衡量一个人做事是否成功，并不在于他们各自做了多少工作，而是在于他是否专注于自己的工作和人生目标，并从中挖掘出多少自身的价值，来为这个目标服务。

一个高效能人士做事时会专注于某个目标，并全身心地投入，这样他们往往会创造出事业上的奇迹。

当麦肯利还是一名从俄亥俄州来的国会议员时，胡佛总统便对他说："为了取得成功，获得名誉，你必须专注于某一个特定方向的发展。你千万不可以一有某种情绪或者方案，就立即发表演说，把它表达出来。你固然可以选择立法的某一个分支作为你学习的对象，但是，你为什么不选择关税作为你的学习对象呢？这个题目在接下来的几年中都不会被解决，所以，它将为你提供一个广阔的学习天地。"

这些话语一直萦绕在麦肯利的耳边。从此，他开始研究关税，不久以后，他就成为这个课题上最顶尖的权威之一。当他的关税方案被参议院通过时，他达到了自己事业上的顶峰。

一个人，假如想实现自己的人生价值，却把精力分散到许多事情上，这样的人是不会成功的。要知道，没有任何一个获得成功的人不是把他所有的精力都集中于一个特定的事情上的。

↑

# 不被琐事缠身

美国著名剧作家保罗曾说："如果我要写个剧本，在每一页都保持故事的原则性，而且能将剧本和其中的角色发挥得淋漓尽致……它会是一个好剧本，但不值得花费一两年的时间。"

清醒的放弃胜过盲目的坚持。而对于想做一件事，一直做不出名堂的人来说，奥里森·马登的观点是，如果一开始没成功，再试一次还不成功就该放弃，愚蠢的坚持毫无益处。

## 一、注重时间的价值

琐碎而无价值的工作指的是一些不重要而且报酬低的任务或工作。它消磨你的精力和时间，因此让你不能处理更为重要且紧急的工作。

凡是在事业上有所成就的人，都十分注重时间的价值。无论是老板还是打工族，一个高效能的人士总是能判断自己面对的顾客在生意上的价值，如果对方有很多不必要的废话，他们都会想出一个收场的办法。同时，他们也绝对不会在别人的上班时间，去和对方海阔天空地谈些与工作无关的话，因为这样做实际上是在妨碍别人的工作，浪费别人的生命。

善待来客的人往往预备出一定时间。老罗斯福总统就是这样做的一个典范。当一个分别很久，只求见上一面的客人来拜访他时，老罗斯福总是在热情地握手寒暄之后，便很遗憾地说他还有许多别的客人要见。这样一来，他的客人就会很简洁地道明来意，告辞而去。

一位公司经理拥有待客谦恭有礼的美名，他每次与来客把事情谈妥后，便很有礼貌地站起来，与他的客人握手道歉，遗憾地说自己不能有更多的时间再多谈一会儿。那些客人都很理解他，对他的诚恳态度也都非常满意，所以，就不会想到他竟然连多谈一会儿都不肯赏脸。

以沉默寡言和办事迅速、敏捷而著称的成功者都是实力雄厚、深谋远虑、目光敏锐的人，他们说出来的话，句句都很准确、到位，都有一定的目的，他们从来不愿意在这里多耗费一点儿的宝贵资本——时间。当然，有时一个待人做事简捷迅速、斩钉截铁的人，也容易引起别人的一些不满，但他们绝对不会把这些不满放在心上。为了要在事业上有所成就，为了要恪守自己的规矩和原则，他们不得不减少与那些和他们的事业没什么关系的人来往。

商人最可贵的本领之一就是与任何人交往都能简捷迅速。这是一般成功者都具有的通行证。在美国现代企业界里，与人接洽生意能以最少时间产生最大效率的人，非金融大王摩根莫属。为了珍惜时间，他招致了许多怨恨，但其实人人都应该把摩根作为这一方面的典范，因为人人都应具有这种珍惜时间的美德。

摩根每天上午 9 点 30 分准时进入办公室，下午 5 点回家。有人对摩根的资本进行了计算后说，他每分钟的收入是 20 美元，但摩根认为不止这些。所以，除了与生意上有特别关系的人商谈外，他与人谈话绝不超过 5 分钟。

通常，摩根总是在一间很大的办公室里，与许多员工一起工作，他不是一个人待在房间里工作。摩根会随时指挥他手下的员工，按照他的计划去行事。如果你走进他那间大办公室，是很容易见到他的，但如果你没有重要的事情，他是绝对不会欢迎你的。

摩根能够准确地判断出一个人前来接洽的到底是什么事。当你对他说话时，一切转弯抹角的方法都会失去效力，他能够立刻判断出你的真实意图。这种卓越的判断力使摩根节省了许多宝贵的时间。有些人本来就没有什么重要事情需要接洽，只是想找个人来聊天，而耗费了工作繁忙的人许多重要的时间。摩根对这种人简直是恨之入骨。

处在知识日新月异的信息时代，人们常因繁重的工作而紧张忙碌。如果想调剂自己的生活，就必须学会有效利用时间。无论是在工作还是学习方面，若能以最短的时间做更多的事，那么剩

高效能思维

下的时间就可以挪为他用了。因此，善于利用时间，不仅可以完成许多事情，还能拥有轻松自在的生活。

## 二、将时间集中于本职工作

如果你想不被琐事牵扯太多的精力，首先就应当将时间集中于自己的本职工作。为此，你必须将自己的兴趣转移到高报酬或是重要的工作上，即从烦琐的事务中解脱出来。

例如，你要写一篇关于你公司营销活动的报告。首先，你要确定这项活动的主题。一旦完成了主题，你便能写出几份项目计划来。接下来你就要考虑该如何执行这些计划。

你按照计划中的步骤一步步进行，在工作大功告成之际，你最好将情况告知他人，这件工作使你难以忘怀，成了你利用时间计划中的重要部分。成功时，一定要奖励你自己。

给予你自己一种奖励，可以使你在工作中更有冲劲儿。一些富于创新精神的公司也采用奖励方法，以增加干劲和工作效率。

## 三、利用"神奇的3小时"

被人们称为时间管理大师的哈林·史密斯曾经提出过"神奇3小时"的概念，他鼓励人们自觉地早睡早起，每天早上5点起床，这样可以比别人更早展开新的一天，在时间上就能跑到别人的前面。利用每天早上5～8点的"神奇的3小时"，你可不受任何人和事干扰地做一些自己想做的事。每天早起3小时就是在与时间竞争，你必须讲求恒心，养成早起的习惯，以后你会受益无穷。

仔细研究一下，早睡早起除了哈林·史密斯所提到的"神奇的 3 小时"的好处之外，更有着以下的一些好处：

1. 获得内心的平静

已故诺贝尔和平奖得主特里萨修女曾说过，现代生活在都市的人最缺乏的、最渴望的就是"心灵的平静"。而早睡早起，利用早上神奇的 3 小时想些问题、做些重要工作，这样往往可以捕捉到都市喧嚣忙乱背后的宁静时刻。

2. 规划一天工作

"一日之计在于晨"，清晨往往是你精神最集中、思路最清晰、工作效率最高的时候。

在这段时间里，一般没有人或电话来骚扰你，你可以全心全意地做一些平日可能要花上好几个小时才能完成的工作或事务，规划一下未来的工作，并且可以取得很好的成效。

3. 培养自律

养成早睡早起的习惯，可以使你一天精力充沛，更能增强你的信心，考验你的自律，为你建立一个正面的"自我概念"。

4. 调息身心

当然早睡早起并不是苛刻地剥夺我们的睡眠时间，正好相反，早睡早起只是将我们的睡眠及起床时间略微调整，而这正是高效率利用时间的要求。

如果我们在晚上 10 点睡觉、早上 5 点起床的话，我们的睡眠时间仍然是 7 个小时。而一般人如果在午夜 12 点入睡，早上 7 点起床的话，他们的睡眠时间也同样是 7 个小时。

所以，我们在这里提倡早睡早起，运用"神奇的 3 小时"这一概念，只是非常有策略性地将休息和工作的时间对调了一下，我们将晚上 10 点至午夜 12 点这段本是用来看电视、看报纸、娱乐、应酬的时间用于睡眠，而早上 5～8 点这段本应用作睡眠的时间，则用来做一些更重要的事情。

↑

## 只做适合自己的事

例如，福勒制刷公司的创办人阿尔佛·雷德就是一个典型的例子。阿尔福·雷德出身于穷苦的农场家庭，工作似乎与他无缘，两年中他虽然努力认真，却失去了三份工作。而自从雷德接触了制刷这一行后，他才发现他是多么不喜欢以前的那几份工作，而那些工作对他又是多么不合适。

刚开始，雷德销售刷子，就有一个感觉：他会把这个销售工作做得出色。因为他喜爱这个工作，所以他把自己所有思想集中于从事世界上最好的销售工作。

雷德成了一个成功的销售员。他又立下自己的目标：创办自己的公司。这个目标十分适合他的个性。他停止了为别人销售刷子，这时候他比过去任何时候都高兴。

他在晚上制造自己的刷子，第二天又把刷子卖出去。销售额开始上升时，他租了一栋旧房子，雇用一名助手为他制造刷子，他本人则专注于销售。

这个曾经失去三份工作的人，最终成立了他自己的福勒制刷公司并拥有几千名销售员和数百万美元的年收入。

拿破仑·希尔认为，你的工作选择如果很对自己的兴趣，那么你就很容易获得成功。因为从某种意义上来说，一个人特别感兴趣的工作就是适合他自己的工作。

许多年前，莱斯曾在一家大公司工作，担任地区副总裁的行政助理。

公司里大多数职员平日都是一副西装笔挺的富有人士形象，只有意大利人汤姆例外，他好像从来都不修边幅。汤姆看上去总是像刚从码头上干完活儿回来的。

要不是亲眼看见他摆弄公司里的计算机，你肯定认为他是在加油站或快餐店上班，是那种靠通俗歌曲和啤酒打发日子的家伙。

汤姆也认为自己属于那种其貌不扬的精英类型，尽管他与其他职员穿着一样的蓝条纹制服（现在大公司一般都规定着装），可看上去就是不像样子，但汤姆所具有的洞察力却是莱斯所少见的。

有一次，他突然对莱斯说："你不该待在这儿。你跟这儿格格不入。"

"你这是什么意思？"莱斯问，虽然有点生气，但他的话却引起了莱斯极大的兴趣。

"你懂我的意思，"汤姆边点雪茄边说，"你有开拓能力，你喜欢与人打交道，为何非在这鬼地方浪费你的时间和天才，整天写什么部门材料、预算报告？"

莱斯永远忘不了汤姆这些富有见地的话，正是这些话使莱斯清醒过来。

从那时起，莱斯的心里就不断重复着这样的想法：我正在不属于自己的位置上从事着不适合自己的工作。

后来，莱斯按汤姆的建议辞去了工作，开始做些更有意义的尝试。

从那家公司跳出来以后，莱斯创办了自己的公司。

现在，莱斯拥有许多过去无法想象的商业机会，事业上更为成功。此外，莱斯经常在广播和电视节目中露面。

如果莱斯还在那家公司做职员的话，这一切都是无法想象的。

同样，一个人要成为一名高效能人士首先要像莱斯和雷德一样，找到适合自己的事，并全力以赴地做好它，只有这样，才能在事业上取得突出的成就。

## 一、选出适合自己的事

每一个人都应该努力根据自己的特长来设计自己，量力而行；根据自己的环境、条件、才能、素质、兴趣等，找到适合自己做的事情。

卡耐基认为，一个人要实现自己的价值，就应当珍惜这有限的时间，选择最适合自己的事。否则只是徒然地浪费时间。

那么，究竟什么才是最适合自己做的事呢？最适合自己去做的事，也就是自己最感兴趣的事，自身素质能够满足要求的事，客观条件许可的事，这几种因素缺一不可，再加上恒心和毅力，才能有希望做好，有较大的把握做好。

每一个人都有自己的兴趣、爱好，都有自己擅长做的事，因而要取得成功，就要把自己奋斗的目标定位在自己所热爱的事业上，不能选择自己兴趣不大或者毫无兴趣的事。

例如，一个人自小就喜欢美术，渴望将来成为一个画家，于是成年后便把自己追求的目标确定在美术事业上，可以说他成功的可能性是比较大的。事实证明，所有的画家都是这样成才的。假如他不喜欢绘画，那么硬强迫他去学习绘画，他必定不会有多大成就，最多只能把这项职业当作养家糊口的手段。

无论做什么事，都要自身的基本素质许可，尤其是一些特殊的职业，对一个人的要求会更高。有的职业对身体素质要求比较高，如运动员、演员、飞行员、时装模特等；有的职业对智力要求比较高，如科学家、作家、商业策划人员、计算机专家等；有的职业则要求所从事的人员综合素质好，如政治家、外交家、电视节目主持人、高级管理人员等。还有一些特殊的职业，对人的某一个方面有特别的要求，一般人难以从事这些工作，如调酒员，则要求有敏锐的味觉和嗅觉等。

因而，光有爱好、兴趣还远远不够，必须具备从事这项工作所需要的身体或智力条件。就像很多人都羡慕运动员、演员的风光，但是，要想使自己成为一个运动员或演员，并不是仅靠爱好就能够做到的。

当然，具有良好的自身条件，并不意味着我们做什么事都会成功，还需要一定的客观条件许可才能成功。例如，农民种庄稼，关键是要有种子，但是有了种子不播种在田地里是不行的。播种在土里，如果季节不合适、没有雨水、没有阳光等仍然是不行的。可见，客观条件同主观条件一样重要。

## 二、正确的价值观是选择的依据

正确的价值观是我们选择适合自己的事必需的依据。美国心理学家约翰·洛克于1973年在《人类价值观的本质》一书中，提出了13种价值观：

1.成就感：提升社会地位，得到社会认同，希望工作能受到他人的认可，对工作的完成和挑战成功感到满足。

2.美感的追求：能有机会多方面地欣赏周遭的人、事、物，或任何自己觉得重要且有意义的事物。

3.挑战：能有机会运用聪明才智来解决困难。舍弃传统的方法，而选择创新的方法处理事物。

4.健康，包括身体和心理：工作能够免于焦虑、紧张和恐惧，希望能够心平气和地处理事物。

5.收入与财富：工作能够明显、有效地改变自己的财务状况，希望能够得到金钱所能买到的东西。

6.独立性：在工作中能有弹性，可以充分掌握自己的时间和行动，自由度高。

7.爱、家庭、人际关系：关心他人，与别人分享，协助别人解决问题，体贴、关爱，对周遭的人慷慨。

8.道德感：与组织的目标、价值观、宗教观和工作使命能够不相冲突，紧密结合。

9.欢乐：享受生命，结交新朋友，与别人共处，一同享受美好时光。

10.权力：能够影响或控制他人，使他人照着自己的意思去行动。

11.安全感：能够满足基本的需求，有安全感，远离突如其来的变动。

12.自我成长：能够追求知识上的刺激，寻求更圆满的人生，在智慧、知识与人生的体会上有所提升。

13.协助他人：认识到自己的付出对团体是有帮助的，别人因为你的行为而受惠颇多。

针对以上13种价值观，我们可以分别问自己以下几个问题：

1.我重视的价值观是什么？

2.我所标示的这些价值观是我一直都重视的吗？如果曾经有改变，是在什么时候？

3.有哪些价值观是我父母认为重要的，而我却不同意？有哪些价值观是我和父母共同拥有的？

4.价值观的改变是否曾经改变我安排生活的方式？

5.我理想的工作形态与我的价值观之间是否有任何关联？

6.我是否因为谁说的一句话或某件事情（例如考试的成绩），而对自己的价值观感到怀疑？

7.以前我曾经崇拜哪些人？他们目前对我有什么影响？

8.我的行为可以反映我的价值观吗？例如重视工作的变化、成长与突破的你，会选择单调枯燥、一成不变的工作吗？

以上8点，是了解价值观的基础。这些问题的回答并不容易，也不是短时间就能有完整的答案。因为价值观的显现有时候像是调皮、好动的小孩不好掌握，动向不明；有时又像是个文静高雅的淑女，没有明显的动作，但却是人们注意的焦点。

价值观可以是很明显、清楚的，例如对金钱的重视或不重视。但是，更常发生的情况是，价值观伴随着很多个人主观、莫名甚至无法解释的情绪因子。原本自认为可以洒脱不在乎的，一旦出现不好的后果时，还是有沉重的失落感与痛苦。

因此，只有澄清自己的价值观，才能找到适合自己的事，获得前进的动力。

## 三、把鸡蛋放在一个篮子里

想法太多，或者想要实现的目标太多，跟没有想法、没有目标其实是一样的有害。因此，我们在寻找适合自己的事时不妨试着把鸡蛋放在一个篮子里。

褐色皮肤、英俊潇洒的泰生从小就是游泳健将，经常参加比赛。"从很小开始，别人就从两方面来看我们，"他说，"一方面看我们是谁，另一方面看我们有何表现。我总是因为比赛成绩而获得夸奖。"

于是泰生不断追求成就。他的事业从一栋建筑物开始，然后变成两栋，最后名气越来越响亮，业务不断扩充发展。最后，泰生的事业扩张到自己都弄不清楚究竟涉足了多少生意。

"我兼营制造业、掮客业务、管理事业、旅馆经营、公寓改建等，每一种行业我都想插手。我非常兴奋，不知道什么是自己做不到的，想试探自己能力的限度。我常在早上起床看见自己的名字登在报纸上，感觉很舒服。然后再看一遍，感觉更舒服。我觉得事业发展得越大就越好。"

有一天，银行打电话通知他的公司已太过于膨胀，缓付款也已到期，要求偿还贷款。小神童泰生就这样垮了。刚开始泰生责怪每一个人，把错误归咎于银行、社会经济情势或公司员工身上。经过一番痛苦的思索，泰生找到了自己问题的根源所在。

"我知道自己太自私了一些，我走得太快、太远，不知道自己的能力有一定的限度。面对新机会时我不说：'这类生意我不做。'反而说：'为什么不做？我什么生意都做。'我就是太好大喜功。由于每一件事都想做，结果无法把精神集中在某一件事情上面。"

泰生解决困难的办法是重订目标，选择擅长的行业，然后重新集中精神去做。

找到了自身失败的原因之后，泰生最擅长的是房地产开发。经过几年的拮据与苦撑，由于他专心地经营，终于逐渐有了起色。现在他再度成为纽约的百万富翁，只不过对自己能力的限度了解得更清楚了。

他认为，如果现在我有这样的想法："经营健身俱乐部的生意好像挺不错？"我会马上阻止自己说："谁要去做这种生意？我有我的赚钱行业，根本不需要做这种生意。让别人去做好了。"

泰生的例子告诉我们，一个人的精力和机会有限，只有把自己全部的精力放在最适合自己的事情上，我们才能够取得事业上的成功。

# 第三章

# 执行思维

有效行动的逻辑和方法

# 制订切实可行的计划

在明确工作目的和任务后，能不能实现就在于能否进行合理的组织工作。

卡耐基认为，计划并不是对个人的一种束缚与管制，必须做什么或不应该做什么并不是由计划决定的。在制订计划的过程中，其实就是一个自我完善的过程，所以，对于计划一定要坚持，并坚信会实现它。

沃森在回顾自己的职业生涯时说："我的助手有一个非常好的习惯，这也是我一直没有替换他的主要原因。他有一本形影不离的工作日记，每天早晨，他都会把前一天写好的工作计划再翻看一遍，而在一天的工作结束后，他要对这一天的工作进行总结，同时把下一天的计划再做出来。"

这是一个多么好的习惯，同时，也是每一位高效能人士也必须养成的习惯。

## 一、明确工作目的

史蒂芬·柯维在《有效的经理》一书中写道："我赞美彻底和有条理的工作方式。一旦在某些事情上投下了心血，就可以减少重复，开启更大和更佳工作任务之门。"

培根也说过："选择时间就等于节省时间，而不合乎时宜的举动则等于乱打空气。"没有一个明确可行的工作计划，必然浪费时间，要高效率地工作就更不可能了。试想，如果一个搞文字工作的人资料乱放，找个材料需要花半天，那么他的工作是没有效率可言的。

工作的有序性，体现在对时间的支配上，首先要有明确的目的性，很多成功人士就指出：如果能把自己的工作任务清楚地写下来，很好地进行自我管理，就会使得工作条理化，个人的能力也会得到很大的提高。

只有明确自己的工作是什么，才能认识自己工作的全貌，从全局着眼观察整个工作，防止每天陷于杂乱的事务之中。明确的办事目的将使你正确地掂量各个工作的重要程度，弄清工作的主要目标在哪里，防止不分轻重缓急，既耗费时间又办不好事情。

只有明确自己的责任与权限范围，才能消除自己的工作与上下级的工作以及同事工作中的互相扯皮和打乱仗现象。

填写工作清单是一种明确工作目标的好方法。首先，你可以找出一张纸，毫不遗漏地写出你所需要的工作。凡是自己必须干的工作，不管它的重要性和顺序怎样，都一项也不漏地逐项排列起来，然后按这些工作的重要程度重新列表。重新列表时，你要试问自己：如果我只能干此表当中的一项工作，首先应该干哪一件事呢？然后再问自己：接着该干什么呢？用这种方式一直问到最后一项。这样自然就按着重要性的顺序列出自己的工作一览表。然后，回想一下你要做的每一项工作往常怎么做，并根据以往的经验，在每项工作上总结出你认为最合理有效的方法。

在制订工作计划的过程中，我们不仅要明确你的工作是什么，还要明确每年、每季度、每月、每周、每日的工作及工作进程，并通过有条理的连续工作，来保证以正常速度执行任务。在这里，为日常工作和下一步进行的项目编出目录，不但是一种行之有效的时间节约措施，也是提醒我们记住某些事情的手段，可见，制订一个合理的工作日程是多么重要。

工作日程与计划不同，计划在于对工作的长期计算，而工作日程表是指怎样处理现在的问题。比如今天的事情处理完毕，接着安排明天的工作，就是逐日推进的计划。有许多人抱怨工作太多又杂乱，实际是由于他们不善于制订日程表，无法安排好日常工作，有时候反而抓住没有意义的事情不放，以致被工作压得喘不过气来。

## 二、约束自己，达到目标

执行计划是对意志品质与毅力的一次考验与挑战，许多人的计划，并没有得到坚决的贯彻与执行，多是由于他们缺乏勇气与毅力，或是对自己过于放任自流，从表面上看，这并不会对你造成多大的损失，但是在工作中，那些忠于计划、不断改进的人的进步会越来越明显，他们才称得上是高效能人士，他们的行为也必将会吸引企业管理者的关注。而那些无视计划的人，整日仍然处于无序的工作状态之中，当然，工作效率也无从提高。

计划贵在执行。在你制订计划的时候，也许并不受关注，可能还会引来一些人的嘲笑，认为这是幼稚的办法，能够给你鼓励与帮助的人并不多。因此，约束自己，锲而不舍，矢志不渝地将计划执行到底就成了高效能人士的一项重要品质。如果你对自己制订的计划有足够的信心与勇气，那么就要坚持下去，绝不放弃，无论遇到多么大的困难。

目标是前途，也是约束。为了实现自己的计划和目标，也许你必须干一些自己不想干的事，放弃一些自己深深迷恋的事，这样，你可能会觉得有一定的"约束"。但是，为了生活，为了计划的实现，为了成功，我们不能试图摆脱一切"约束"，而是应该在"约束"的引导下，一步步沿着既定的目标，稳妥地前进。

↑

# 不找借口

美国成功学家格兰特纳说过这样的话："如果你有给自己系鞋带的能力，你就有上天摘星星的机会！"一个人对待生活和工作是否负责是决定他能否成功的关键。一名高效能人士不会到处为自己找借口，开脱责任；相反，无论出现什么情况，他都会自觉主动地将自己的任务执行到底。

## 一、借口是效率的死敌

"没有任何借口"是西点军校奉行的最重要的行为准则，它要求每一位学员想尽办法去完成任何一项任务，而不是为没有完成任务去寻找任何借口，哪怕是合理的借口。其目的是让学员学会适应压力，培养他们不达目的不罢休的毅力。它让每一个学员懂得：工作中是没有任何借口的，失败是没有任何借口的，人生也没有任何借口。

"没有任何借口"看起来过于绝对、很不公平，但是人生并不是永远公平的。西点军校就是要让学员明白，无论遭遇什么样的环境，都必须学会对自己的一切行为负责！学员在校时只是年轻的军校学生，但是日后肩负的却是自己和其他人的生死存亡乃至整个国家的安全。在生死关头，你还能到哪里去找借口？哪怕最后找到了失败的借口又能如何？"没有任何借口"，让西点军校的学员养成了毫不畏惧的决心、坚强的毅力、完美的执行力以及在限定时间内把握每一分每一秒去完成任何一项任务的信心和信念。

任何借口都是推卸责任，在责任和借口之间，选择责任还是选择借口，体现了一个人的工作态度，同时，也决定了他的工作效能。有了问题，特别是难以解决的问题时，有一个基本原则可用，而且永远适用。这个原则非常简单，就是永远不放弃，永远不为自己找借口。

一个人对待生活和工作的态度是决定他能否做好事情的关键。首先改变一下自己的心态，这是最重要的！很多人在工作中寻找各种各样的借口来为遇到的问题开脱，一旦养成习惯，这是非常危险的。

人的习惯是在不知不觉中养成的，是某种行为、思想、态度在脑海深处逐步成型的一个漫长过程。因其形成不易，所以一旦某种习惯形成了，就具有很强的惯性，很难根除。它总是在潜意识里告诉你，这个事这样做，那个事那样做。在习惯的作用下，哪怕是做出了不好的事，你也会觉得理所当然。特别是在面对突发事件时，习惯的惯性作用就表现得更为明显。

比如说寻找借口。如果在工作中以某种借口为自己的过错和应负的责任开脱，第一次可能你会沉浸在借口为自己带来的暂时的舒适和安全之中而不自知。这种借口所带来的"好处"会让你第二次、第三次为自己寻找借口，因为在你的思想里，已经接受了这种寻找借口的行为。不幸的是，你很可能就会形成一种寻找借口的习惯。这是一种十分可怕的消极的心理习惯，它会让你的工作变得拖沓而没有效率，会让你变得消极，最终一事无成。

我们虽然与西点军校不同，但我们始终要有敢担负任何重任的决心和勇气。尤其是在工作当中，自己要学会给自己加码，始终以行动为见证，而不是编织一些花言巧语为自己开脱。我们无须任何借口，哪里有困难，哪里有需要，我们就义无反顾。

借口是一种不好的习惯，一旦养成了找借口的习惯，你的工作就会拖沓、没有效率。

## 二、养成不找借口的好习惯

人的一生中会形成很多种习惯，有的是好的，有的是不好的。良好的习惯对一个人影响重大，而不好的习惯所带来的负面作用会更大。下面的 5 种习惯，是作为一名高效能人士所必须具备的习惯，它甚至是每一个成功人士都应该具有的习惯。这些习惯并不复杂，但坚持去做，你就能成为一名负责任、不找借口的员工。

1. 延长工作时间

许多人对这个习惯不屑一顾，认为只要自己在上班时间提高效率，就没有必要再加班加点。实际上，延长工作时间的习惯对管理者的确非常重要。

作为一名高效能人士，你不仅要将本职工作处理得井井有条，还要应付其他突发事件，思考部门及公司的管理和发展规划等。有大量的事情不是在上班时间出现，也不是在上班时间可以解决的。这需要你根据公司的需要随时为公司工作，需要你延长工作时间。

当然，根据不同的事情，超额工作的方式也有不同。如为了完成一个计划，可以在公司加班；为了理清工作思路，可以在周末看书和思考；为了获取信息，可以在业余时间与朋友们联络。总之，你所做的这一切，可以使你在公司更加称职。

2. 始终表现出你对公司及产品的兴趣和热情

作为一名高效能人士，你应该利用每一次机会，表现你对公司及其产品的兴趣和热情，不论是在工作时间，还是在下班后；不论是对公司员工，还是对客户及朋友。

当你向别人传播你对公司的兴趣和热情时，别人也会从你身上体会到你的自信及对公司的信心。没有人喜欢与悲观厌世的人打交道，同样，公司也不愿让对公司的发展悲观失望、毫无责任感的人担任重要职务。

### 3. 自愿承担艰巨的任务

公司的每个部门和每个岗位都有自己的职责，但总有一些突发事件无法明确地划分到哪个部门或个人，而这些事情往往是比较紧急或重要的。对于一名高效能员工来讲，此时就应该从维护公司利益的角度出发，积极去处理这些事情。

如果这是一项艰巨的任务，你就更应该主动去承担，不论事情成败与否。这种迎难而上的精神也会让大家对你产生认同。另外，承担艰巨的任务是锻炼自己能力难得的机会，长此以往，你的能力和经验会迅速提升。在完成这些艰巨任务的过程中，你可能会感到很痛苦，但痛苦却会让你变得更加成熟。

### 4. 在工作时间避免闲谈

可能你的工作效率很高，可能你现在工作很累，需要放松，但你一定要注意，不要在工作时间做与工作无关的事情。这些事情中最常见的就是闲谈。

在公司，并不是每个人都很清楚你当前的工作任务和工作效率，所以闲谈只能让人感觉你很懒散或很不重视工作。另外，闲谈也会影响他人的工作，引起别人的反感。

你也不要做其他与工作无关的事情，如听音乐、看报纸等。如果你没有事做，可以看看本专业的相关书籍，查找一下最新的专业资料。

### 5. 向有关部门提出管理的问题和建议

抛弃找借口的习惯，你就不会为工作中出现的问题而沮丧，甚至你可以在工作中学会大量的解决问题的技巧，这样成功就不会离你越来越远。有了问题，特别是难以解决的问题，可能让你懊恼万分。这时候，有一个基本原则可用，而且永远适用，这个原则非常简单，就是永远不放弃，永远不为自己找任何借口。

↑

# 责任重于一切

我们在工作和生活中常常发现，只有那些能够勇于承担责任的人，才能够赢得老板的赏识，才有可能被赋予更多的使命，才有资格获得更大的荣誉。一个缺乏责任感的人，或者一个不负责任的人，首先失去的是社会对自己的基本认可，其次失去了别人对自己的信任与尊重，甚至也失去了自身的立命之本——信誉和尊严。

社会学家戴维斯说："放弃了自己对社会的责任，就意味着放弃了自身在这个社会中更好生存的机会。"

著名管理大师德鲁克认为，责任是一名高效能工作者的工作宣言。在这份工作宣言里，你首先表明的是你的工作态度：你要以高度的责任感对待你的工作，不懈怠你的工作，对于工作中出现的问题能敢于承担。这是保证你的任务能够有效完成的基本条件。

可以说，没有做不好的事情，只有不负责的人。一个人责任感的高低，决定了他工作绩效的高低。当你的上司因为你的工作很差劲批评你的时候，你首先问问自己，是否为这份工作付出了很多，是不是一直以高度的责任感来对待这份工作？一个高效能的人士是不会给自己的工作交一份白卷的。

20世纪70年代中期，日本的索尼彩电在日本已经很有名气了，但是在美国它却不被顾客所接受，因而索尼在美国市场的销售相当惨淡。为了改变这种局面，索尼派出了一位又一位负责人前往美国芝加哥。那时候，日本在国际上的地位还远不如今天这么高，其商品的竞争力也较弱，在美国人看来，日本货就是劣质货的代名词。所以，被派出去的负责人，一个又一个空手而回，并找出一大堆借口为自己的美国之行辩解。

但索尼公司没有放弃美国市场。后来，卯木肇担任了索尼国外部部长。上任不久，他被派往芝加哥。当卯木肇风尘仆仆地来到芝加哥市时，令他吃惊不已的是，索尼彩电竟然在当地寄卖商店里蒙尘垢面，无人问津。卯木肇百思不得其解，为什么在日本国内畅销的优质产品，一进入美国，竟会落得如此下场？

经过一番调查，卯木肇知道了其中的原因。原来，以前来的负责人不仅没有努力，还糟蹋公司的形象：他们曾多次在当地的媒体上发布削价销售索尼彩电的广告，使得索尼在当地消费者心目中进一步形成了"低贱""次品"的糟糕印象，索尼的销量当然会受到严重的打击。在这种时候，卯木肇完全可以回国了，并且可以带回新的借口：前任们把市场破坏了，不是我的责任！

但他没有那么做，他首先想到的是如何挽救局面。但是要如何才能改变这种既成的印象，改变销售的现状呢？

一天，他驾车去郊外散心，在归来的路上，他注意到一个牧童正赶着一头大公牛进牛栏，而公牛的脖子上系着一个铃铛，在夕阳的余晖下叮当叮当地响着，后面是一大群牛跟在这头公牛的屁股后面，温顺地鱼贯而入……此情此景令卯木肇一下子茅塞顿开，他一路上吹着口哨，心情格外开朗。想想一群庞然大物居然被一个3岁小儿管得服服帖帖的，为什么？还不是因为牧童牵着一头带头牛嘛！索尼要是能在芝加哥找到这样一只"带头牛"商店来率先销售，岂不是很快就能打开局面？卯木肇为自己找到了打开美国市场的钥匙而兴奋不已。

马歇尔公司是芝加哥市最大的一家电器零售商，卯木肇最先想到了它。为了尽快见到马歇尔公司的总经理，卯木肇第二天很早就去求见，但他递进去的名片却被退了回来，原因是经理不在。第三天，他特意选了一个估计经理比较闲的时间去求见，但回答却是"外出了"。他第三次登门，经理终于被他的耐心所感动，接见了他，但却拒绝卖索尼的产品。经理认为索尼的产品降价拍卖，形象太差。卯木肇非常恭敬地听着经理的意见，并一再地表示要立即着手改变商品形象。

回去后，卯木肇立即从寄卖店取回货品，取消削价销售，在当地报纸上重新刊登大面积的广告，重塑索尼形象。

做完了这一切后，卯木肇再次叩响了马歇尔公司经理的门。听到的是索尼的售后服务太差，无法销售。卯木肇立即成立索尼特约维修部，全面负责产品的售后服务工作；重新刊登广告，并附上特约维修部的电话和地址，24小时为顾客服务。

屡次遭到拒绝，卯木肇还是痴心不改。他规定他的每个员工每天拨 5 次电话，向马歇尔公司询购索尼彩电。马歇尔公司被接二连三的求购电话搞得晕头转向，以致员工误将索尼彩电列入"待交货名单"。这令经理大光其火，这一次他主动召见了卯木肇，一见面就大骂卯木肇扰乱了公司的正常工作秩序。卯木肇笑逐颜开，等经理发完火之后，他才晓之以理、动之以情地对经理说："我几次来见您，一方面是为本公司的利益，但同时也是为了贵公司的利益。在日本国内最畅销的索尼彩电，一定会成为马歇尔公司的摇钱树。"在卯木肇的巧言善辩下，经理终于同意试销两台，不过，条件是：如果一周之内卖不出去，立马搬走。

为了开个好头，卯木肇亲自挑选了两名得力干将，把 100 万美元订货的重任交给了他们，并要求他们破釜沉舟，如果一周之内这两台彩电卖不出去，就不要再返回公司了……

两人果然不负众望，当天下午 4 点钟，两人就送来了好消息。马歇尔公司又追加了两台。至此，索尼彩电终于挤进了芝加哥的"带头牛"商店。随后，进入家电的销售旺季，短短一个月内，竟卖出了 700 多台彩电。索尼和马歇尔从中获得了双赢。

有了马歇尔这只"带头牛"开路，芝加哥市的 100 多家商店都销售索尼彩电。不出 3 年，索尼彩电在芝加哥的市场占有率达到了 30%。

卯木肇的成功得益于其强烈的责任感和荣誉心，这是他屡败屡战，力挽败局的强大动力。可以说，正是这种始终以公司利益为重的责任感，使卯木肇没有为自己寻找借口，而是迎难而上，凭借自己的洞察力和毅力打开了局面。

责任感是我们在工作中战胜种种压力和困难的强大精神动力，它使我们有勇气排除万难，甚至可以把不可能完成的任务完成得相当出色。一旦失去责任感，即使是做自己最擅长的工作，也会做得一塌糊涂。

一个拥有责任感的人，往往具备以下三个特征：

1. 一个拥有责任感的人具备一种主动承担责任的精神。

2. 一个拥有责任感的人，会为他所承担的事情，付出心血、付出劳动、付出代价，他会为达到一个尽善尽美的目标付出自己的全部努力。

3. 一个拥有责任感的人是一个善始善终的人。

他懂得责任意味着承担，意味着付出代价。当事情出现危机，而仍然不放弃责任的人，才是真正拥有责任感的人；当情况于己不利，自己有可能付出代价，而勇于将事情进行到底的人才是真正有责任感的人。

# 重在执行

喜欢足球的朋友都知道，德国国家足球队向来以作风顽强著称，因而在世界赛场上成绩斐然。德国足球成功的因素有很多，但有一点却是不容忽视的，那就是德国队队员在贯彻教练的意图、完成自己位置所担负的任务方面执行得非常得力，即使在比分落后或全队困难时也一如既往，全力以赴。你可以说他们死板、机械，也可以说他们没有创造力，不懂足球艺术。但成绩说明一切，至少在这一点上，作为足球运动员，他们是优秀的，因为他们身上流淌着执行力文化的特质。无论是足球队还是企业、一个团队、一名队员或员工，如果没有完美的执行力，就算有再多的创造力也不可能取得好的成绩。

巴德森是美国橄榄球运动史上一位伟大的橄榄球队教练。在他的带领下，美国绿湾橄榄球队成了美国橄榄球史上最令人惊异的球队，创造出了令人难以置信的成绩。看看巴德森的言论，能从另一个方面让我们对执行力有更深刻的理解。

巴德森告诉他的队员："我只要求一件事，就是胜利。如果不把目标定在非胜不可，那比赛就没有意义了。不管是打球、工作、思想，一切的一切，都应该'非胜不可'。""你要跟我工作，"他坚定地说，"你只可以想三件事：你自己、你的家庭和球队，按照这个先后次序。""比赛就是不顾一切。你要不顾一切拼命地向前冲。你不必理会任何事、任何人，接近得分线的时候，你更要不顾一切。没有东西可以阻挡你，就是战车或一堵墙，无论对方有多少人，都不能阻挡你，你要冲过得分线！"正是有了这种坚强的意志和顽强的信心，绿湾橄榄球队的队员们拥有了完美的执行力。在比赛中，他们的脑海里除了胜利还是胜利。对他们而言，胜利就是目标，为了目标，他们奋勇向前，锲而不舍，没有抱怨，没有畏惧，没有退缩。正是这种近乎完美的执行精神，使他们成为所有渴望在工作中有所成就的人的榜样。

凡事只有行动才会有结果。在一次行动力研习会上，有一位主讲师做了一个活动。他说："现在我请各位一起来做一个游戏，大家必须用心投入，并且采取行动。"他从钱包里掏出一张面值100元的人民币，他说："现在有谁愿意拿50元来换这张100元人民币。"他说了几次，但很久没有人行动，最后终于有一个人跑向讲台，但仍然用一种怀疑的眼光看着老师和那一张人民币，不敢行动。那位主讲师提醒说："要配合，要参与，要行动。"他才采取行动，换回了那100元，顷刻赚了50元。

最后，主讲师说："凡事马上行动，立刻行动，你的人生才会不一样。"

一名高效能人士做起事来应当雷厉风行。立即执行的态度会削减准备工作中一些看似可怕的困难与阻碍，引领你更快地抵达成功的彼岸。

好的创意只有付诸执行才能产生好的结果。你知道著名品牌肯德基是怎样打入中国市场的吗？

刚开始公司派了一位代表来中国考察市场，他来到首都北京，看到街道上人头攒动的场面，内心激动不已，尽情地畅想着肯德基一旦在中国站稳脚跟后的美好未来。在我们看来那位代表的工作也算得上是尽职尽责了，但回到公司后总裁还没等听完他的"美好遐想"就停了他的工作，另派了一位代表来北京。

新代表与上一位不同的是，他先是在北京几条街道测出人流量，进行了大量的实地走访，然后又对不同年龄、不同职业的人进行品尝调查，并详细询问了他们对炸鸡的味道、价格等方面的意见，另外还对北京油、面、菜甚至鸡饲料等行业进行广泛的摸底研究，并将样品数据带回总部。

不久，那位代表率领一帮人又回到北京，"肯德基"从此打入了北京市场。

第一位商业代表之所以被解雇，并不是因为他没有好的创意，而是他的创意还只是停留在空谈上。后来的这位代表是一位想到就做，马上行动的人，他不但胸中有让"肯德基"驻足中国市场的美好创意，还坚定地通过行动来立即着手实现这一创意。

↑

# 遇到困难找方法

李达是香港某跨国集团公司的董事长。25 年前，他带着仅有的 30 元港币、穿着一双拖鞋来到香港，先从街边小贩做起，越做越大，后来创办了两家上市公司。

在谈到成功的经验时，他说："我之所以能有这样的发展，都源于我凡事都愿意找方法解决。我认识很多企业界的成功人士，从他们身上我发现了一个共同的规律：一个做事高效的人，往往是最重视找方法的人。他们相信凡事都会有方法解决，而且是总有更好的方法。"

一名高效能人士在做事的时候，应当主动寻求突破，把不可能变为可能。一名高效能人士在困难来临时，总是努力寻找方法，寻求新的突破，这样的人在人生中会比别人达到更高的高度。

在一家名叫天宇的天线公司。有一天总经理来到营销部，让大伙儿针对天线的营销工作各抒己见，畅所欲言。

营销部经理老王摇着胖乎乎的脑袋，无可奈何地说："人家的天线三天两头在电视上打广告，我们公司的产品毫无知名度，我看这库存的天线真够呛。"部里的其他人也随声附和。

总经理脸色阴沉，一语不发。扫视了大伙一圈后，把目光停留在进公司不久的一位年轻人身上。总经理走到他面前，让他说说对公司营销工作的看法。

年轻人直言不讳地对公司的营销工作存在的弊端提出了个人意见。总经理认真地听着，不时嘱咐秘书把要点记下来。

年轻人告诉总经理，他的家乡有十几家各类天线生产企业，唯有001天线在全国知名度最高，品牌最响，其余的都是几十人或上百人的小规模天线生产企业，但无一例外都有自己的品牌，有两家小公司甚至把大幅广告做到001集团的对面墙壁上，敢与知名品牌竞争。

总经理静静地听着，挥挥手示意年轻人继续讲下去。

年轻人接着说："我们公司的老牌天线今不如昔，原因颇多，但归结起来或许就是我们的销售定位和市场策略不对。"

这时候，营销部经理对年轻人的这些似乎暗示了他们工作无能的话表示了愠色，并不时向年轻人投来警告的一瞥，最后不无

　　　　　　　　高效能思维

讽刺地说："你这是书生意气，只会纸上谈兵，尽讲些空道理。现在全国都在普及有线电视，天线的滞销是大环境造成的。你以为你真能把冰箱推销给因纽特人？"经理的话使营销部所有人的目光都射向年轻人，有的还互相窃窃私语。经理不等年轻人"还击"，便不由分说地将了他一军："公司在甘肃那边还有5 000套库存，你有本事推销出去，我的位置让你坐。"

年轻人提高嗓门朗声说道："现在全国都在搞西部开发建设，我就不信我们公司质优价廉的产品比人家小天线厂的产品也不如，偌大的甘肃难道连区区5 000套天线也推销不出去？"

几天后，年轻人风尘仆仆地赶到了甘肃省兰州市天元百货大厦。大厦老总一见面就向他大倒苦水，说他们厂的天线知名度太低，一年多来仅仅卖掉了百来套，还有4 000多套在各家分店积压着，并建议年轻人去其他商场推销看看。

接下来，年轻人跑遍兰州几个规模较大的商场，有的即使是代销也没有回旋余地，因此几天下来毫无建树。正当沮丧之际，某报上一封读者来信引起了年轻人的关注，信上说那儿的一个农场由于地理位置关系，买的彩电都成了聋子的耳朵——摆设。

看到这则消息，年轻人如获至宝，当即带上十来套样品天线，几经周折才打听到那个离兰州有100多公里的金晖农场。信是农场场长写的。他告诉年轻人，这里夏季雷电较多，以前常有彩电被雷电击毁，不少天线生产厂家也派人来查，知道问题都出在天线上，可查来查去没有眉目，使得这里的几百户人家再也不敢安装天线了，所以几年来这儿的黑白电视只能看见哈哈镜般的人影，而彩电则只是形同虚设。

　　年轻人拆了几套被雷击的天线，发现自己公司的天线与他们的毫无二致，也就是说，他们公司的天线若安装上去，也免不了重蹈覆辙。年轻人绞尽脑汁，把在电子学院几年所学的知识在脑海里重温了数遍，加上所携仪器的配合，终于真相大白，原因是天线放大器的集成电路板上少装了一个电感应元件。这种元件一般在任何型号的天线上都是不需要的，它本身对信号放大不起任何作用，厂家在设计时根本就不会考虑雷电多发地区，没有这个元件就等于使天线成了一个引雷装置，它可直接将雷电引向电视机，导致线毁机亡。

　　找到了问题的症结，一切都变得迎刃而解了。不久，年轻人将从商厦拉回的天线放大器上全部加装了电感应元件，并将此天线先送给场长试用了半个多月。其间曾经雷电交加，但场长的电视机却安然无恙。此后，仅这个农场就订了500多套天线。同时热心的场长还把年轻人的天线推荐给存在同样问题的附近5个农林场，又给他销售出2 000多套天线。一石激起千层浪，短短半个月，一些商场的老总主动向年轻人要货，就连一些偏远县市的商场采购员也闻风而动，原先库存的5 000余套天线当即告急。

　　一个月后，年轻人筋疲力尽地返回公司。而这时公司如同迎接凯旋的英雄一样，将他披红挂彩并夹道欢迎。营销部经理也已经主动辞职，公司正式下令任命年轻人为新的营销部经理。

　　这位年轻人的成功除了他背后有"不达目的誓不罢休"的毅力做支撑之外，还得益于他遇到困难找方法，不找借口，敢于突破困境的精神。

# 第四章

# 沟通思维

精准表达的高效沟通艺术

# 有效沟通

人与人交往需要沟通，在公司内，无论是员工与员工、员工与上司、员工与客户都需要沟通。良好的沟通能力是工作中不可缺少的，一个高效能的人士绝不会是一个性格孤僻的人，相反，应当是一个能设身处地为别人着想、充分理解对方、不以针锋相对的形式对待他人的人。

在有效的沟通中我们可以得到很多工作之外的东西。例如，在沟通中，我们除了和大家一起工作外，还可以和大家一起去参加各种活动，或者礼貌地关心一下他人的生活。我们可以使每个人觉得，我们不仅是工作上的好搭档，在工作之外也是很好的朋友。

在一个团队中，沟通应当遵循简单的原则，人与人之间的沟通应直截了当，心里想到什么说什么，不要把简单的问题复杂化，这样可以减少沟通中的误会。言不由衷，会浪费了大家的宝贵时间；瞻前顾后，生怕说错话，会变成谨小慎微的懦夫；更糟糕的是还有些人，当面不说，背后乱讲，这样对他人和自己都毫无益处，最后只能是破坏了集体的团结。正确的方式是提供有建设性的正面意见，在开始讨论问题时，任何人先不要拒人于千里之外，大家把想法都摆在桌面上，充分体现每个人的观点，这样才会有一个容纳大部分人意见的结论。

沟通对于整个团队工作效能的提升十分重要。如果员工之间处于一种无序和不协调的状态之中，双方之间互相推诿责任以致各种力量被互相抵消，"既然我做不成，那么我也不让你做成"，这样的内耗既消耗了别人的力量，也消耗了自己的实力。在这种团队之中也不可能出现什么高效能人士。我们要实现双方合作关系，就必须杜绝自己有上述想法或行为出现，争取在不损害自己利益的基础上也充分保证对方利益。

## 一、谈论别人感兴趣的话题

一个高效能的人士应当具备出色的沟通能力，为此，他必须是一个"话题高手"，善于谈论他人感兴趣的话题。

凡拜访过罗斯福的人，都很惊叹他知识的渊博。"无论是牧童、野骑者、纽约政客，或外交家"，布莱特福写道，"罗斯福都知道同他谈什么。"

他是怎么做的呢？

答案极为简单。

无论什么时候，罗斯福每接待一位来访者，他会在前一个晚上迟一点睡觉，以便阅读客人特别感兴趣的话题。

因为罗斯福同所有的领袖一样，知道赢得人心的秘诀，就是与他谈论他最感兴趣的事情。

曾任教哈佛大学、和蔼的鲁克教授早年就得到这方面的经验。

"当我8岁时，一个周末去拜访住在附近的姑母，并在她家度过假期。"

鲁克教授在他的一篇文章中写道：

"一天晚上，一个中年人来拜访，与姑母寒暄之后，他的注意力集中到我身上。那时候，我正对船感兴趣，这位客人对这个话题似乎特别感兴趣。他走后，我非常高兴地谈论他，说他是多么好的一个人！对船多么感兴趣！我的姑母告诉我说，他是一位纽约律师；平常，他对船的事情毫不关心，对于船的问题也毫无兴趣。但为什么他始终谈论船的事呢？"

"因为他是一个高尚的人。他见你对船感兴趣，他知道谈论船能使你高兴，同时也使他自己成为受欢迎的人。"姑母说。

鲁克说："我永远不会忘记我姑母的话。"

约克是某食品公司的业务员，他在一段时期曾想将面包卖给纽约一家酒店。

4年来，每个星期他都去拜访经理，他甚至还在这家旅馆开了房，住在那里，以得到生意，但他失败了。

"后来，"约克说，"在研究人际关系之后，我决定改变策略。我决定找出这个人感兴趣的是什么，什么会引起他的热心。"

我发觉他是美国旅馆服务员协会的会员。他不但是会员，由于他的热心，他现在是该会的会长和国际服务员协会的会长。不论在什么地方举行大会，他都会飞过崇山峻岭，越过沙漠、大海，参加大会。

所以第二天见到他的时候，我首先开始谈论关于服务员协会的事。我得到多么好的反应——他对我讲了半小时关于服务员协会的事，他的声音有力、高亢，我可以清楚地看出这确实是他的业余嗜好，是他生活中的热情所在。在我离开他的办公室以前，他劝我加入该协会。

这个时候，我仍然没有提任何关于面包的事。但几天后，他旅馆的主管打电话要我带着货样和价目单去。

"我不知道你对那位老先生做了些什么，"主管对我说，"但他真的被你搔到痒处了。"

试想一想我对这人紧追了4年——费力得到他的生意，我如果没有最后费劲儿去找出他感兴趣的，他喜欢谈的，我还要死追，不知道追多少年才能成功。

所以，如果我们想在沟通中更好地影响他人，就应当养成谈论他人感兴趣的话题这个好习惯。

## 二、做好面对面沟通

面对面的沟通是最亲切、最有效的交流方式。通过面对面的交流，你可以直接感受到对方的心理变化，在第一时间正确地了解对方的真实想法，从而达到快速有效的沟通。因此，每一位高效能人士都应该学会面对面与别人交流的技能。

道纳森公司是一家生产诸如铜制螺旋桨叶片和齿轮箱的普通产品的企业，其产品主要满足汽车和拖拉机行业普通二级市场的需要。麦迪逊接任公司总经理后，他做的第一件事就是废除原来厚达57厘米的政策指南，代之而用的是只有一页篇幅的宗旨陈述。其中有一项是：面对面的交流是联系员工、保持信任和激发热情的最有效的手段。关键是要让员工们知道并与之讨论企业的全部经营状况。

麦迪逊非常注重面对面的交流，强调同一切人当面讨论一切问题。他要求各部门的管理机构和本部门的所有成员之间每月举行一次面对面的会议，直接而具体地讨论公司每一项工作的细节情况。麦迪逊还非常注重培训工作和不断地自我完善，仅在道纳森大学，就有他的数千名员工在那里学习，他们的课程都是务实和实用的，但同时也强调人的信念，许多课程都由老资格的公司总经理讲授。在他看来，没有哪个职位能比道纳森大学董事会的董事更令人尊敬的了。

麦迪逊掌管道纳森公司的几年里，在并无大规模资本开支的情况下，他的员工人均销售额已猛增了3倍，一跃成为《幸福》杂志按投资总收益排列的500家公司中的第2位。这对于一个身处如此乏味的行业的大企业来说，的确是一个非凡纪录。

成功学大师拿破仑·希尔认为，高效的沟通者在与人面对面沟通时应当采取的策略为：

策略一：80%的时间倾听，20%的时间说话。

一般人在倾听时常常出现以下情况：1.很容易打断对方讲话；2.发出认同对方的"嗯……""是……"等一类的声音。较佳的倾听却是完全没有声音，而且不打断对方讲话，两眼注视对方，等到对方停止发言时，再发表自己的意见。而更加理想的情况是让对方不断地发言，越保持倾听，你就越握有控制权。

在沟通过程中，20%的说话时间中，问问题的时间又占了80%。问的问题越简单越好，是非型问题是最好的。以自在的态度和缓和的语调说话，一般人更容易接受。

策略二：沟通中不要指出对方的错误，即使对方是错误的。

你沟通的目的不是去证明对方是错的。生活中我们常常发现很多人在沟通过程中不断证明自己是对的，但却十分不得人缘；沟通天才认为事情无所谓对错，只有适合还是不适合你而已。

所以如果不赞同对方的想法时，不妨还是仔细听他话中的真正意思。若要表达不同的意见时，切记不要说："你这样说是没错，但我认为……"而最好说："我很感激你的意见，我觉得这样非常好，同时，我有另一种看法，不知道你认为如何？""我赞同你的观点，同时……"要不断赞同对方的观点，然后再说"同时……"，而不说"可是……""但是……"。

一个沟通高手都有方法进入别人的频道，让别人喜欢他，从而博得信任，表达的意见也易被别人采纳。

策略三：高效能人士善于运用沟通三大要素。

人与人面对面沟通的三大要素是文字、声音及肢体动作；经过行为科学家 60 年的研究发现，面对面沟通时三大要素影响力的比率是文字 7%，声音 38%，肢体语言 55%。

一般人在与人面对面沟通时，常常强调讲话内容，却忽视了声音和肢体语言的重要性。其实，沟通便是要努力和对方达到一致性以及进入别人的频道，也就是你的声音和肢体语言要让对方感觉到你所讲的和所想的十分一致，否则对方无法收到正确信息。

## 三、提高沟通能力的 5 个步骤

高效沟通是高效能人士的一项重要的能力，提高沟通能力，主要有两方面：一是提高理解别人的能力，二是增加别人理解自己的可能性。那么究竟怎样才能提高自己的沟通能力呢？心理学家经过研究，提出了一个提高沟通能力的一般程序。

1. 明确沟通对象

这一步很重要。你可以认真地想一想，在你的工作和生活中，你可能会在哪些情境中与人沟通，比如学校、家庭、工作单位、聚会，以及日常的各种与人打交道的情境。想一想，你都需要与哪些人沟通，比如朋友、父母、同学、配偶、亲戚、领导、邻居、陌生人，等等。开列清单的目的是使自己清楚自己的沟通范围和对象，以便全面地提高自己的沟通能力。

2. 改善沟通状况

明确好自己的沟通状况之后，可以问自己下面几个问题，了解自己该从哪些方面去改善自己沟通状况：

对哪些情境的沟通感到愉快？

对哪些情境的沟通感到有心理压力？

最愿意与谁保持沟通？

最不喜欢与谁沟通？

是否经常与多数人保持愉快的沟通？

是否常感到自己的意思没有说清楚？

是否常误解别人，事后才发觉自己错了？

是否与朋友保持经常性联系？

是否经常懒得给人写信或打电话？

······

客观、认真地回答上述问题,有助于你了解自己在哪些情境中、与哪些人的沟通状况较为理想,在哪些情境中、与哪些人的沟通需要着力改善。

3. 优化沟通方式

在这一步中,我们可以通过下面几个问题看一看自己的沟通方式存在哪些需要改善的地方:

通常情况下,自己是主动与别人沟通还是被动沟通?

在与别人沟通时,自己的注意力是否集中?

在表达自己的意图时,信息是否充分?

主动沟通者与被动沟通者的沟通状况往往有明显差异。研究表明,主动沟通者更容易与别人建立并维持广泛的人际关系,更可能在人际交往中获得成功。

沟通时保持高度的注意力,有助于了解对方的心理状态,并能够较好地根据反馈来调节自己的沟通过程。没有人喜欢自己的谈话对象总是左顾右盼、心不在焉。

在表达自己的意图时,一定要注意使自己被人充分理解。沟通时的言语、动作等信息如果不充分,则不能明确地表达自己的意思;如果信息过多,出现冗余,也会引起信息接受方的不舒服。最常见的例子就是,你一不小心踩了别人的脚,那么一声"对不起"就足以表达你的歉意,如果你还继续说:"我实在不是有意的,别人挤了我一下,我又不知怎的就站不稳了……"这样啰唆反倒令人反感。因此,信息充分而又无冗余是最佳的沟通方式。

### 4. 做好计划

通过上面几个步骤，你可以发现自己在哪些方面存在不足，从而确定在哪些方面重点改进。比如，沟通范围狭窄，则需要扩大沟通范围；忽略了与友人的联系，则需要写信、打电话；沟通主动性不够，则需要积极主动地与人沟通，等等。把这些制成一个循序渐进的沟通计划，然后把自己的计划付诸行动，体现在具体的生活小事中。比如，觉得自己的沟通范围狭窄，主动性不够，你可以规定自己每周与两个素不相识的人打招呼，具体如问路，说说天气等。不必害羞，没有人会取笑你的主动，相反，对方可能还会欣赏你的勇气呢！

在制订和执行计划时，要注意小步子的原则，即不要对自己提出太高的要求，以免实现不了，反而挫伤自己的积极性。小要求实现并巩固之后，再对自己提出更高的要求。

### 5. 控制自己的沟通

这一步至关重要。任何行为如果控制不好，就可能适得其反。因此，如果要提高自己的沟通能力，最好是自己对自己进行监督，比如用日记、图表记载自己的发展状况，并评价与分析自己的感受。

另外，我们在执行计划时要对自己充满信心，坚信自己能够成功。一个人能够做的，比他已经做的和相信自己能够做的要多得多。

# 积极倾听

古希腊的哲学家苏格拉底，作为有名的对话大师，认为自己是一个助产师，是帮助别人形成自己正确看法的人。通过倾听，我们可以帮助对方形成与完善他的想法。即使想表达自己的某种看法也应当借用对方的话做一引申，如"就像你刚才说的""正如你所指出的那样"等，这一方面表明你重视并记住了他的话，另一方面，也使对方感到你是在做一种补充说明，说明你不仅在听，而且在思考。

## 一、用倾听"化解"危机

一次成功的商业会谈的秘诀是什么？注重实际的学者以利亚说："关于成功的商业交往，没有什么神秘——专心注意对你讲话的人极为重要。没有别的东西会如此使人开心。"你无须读MBA也可以发现这一点。我们知道，如果一个商人租用豪华的店面，陈设橱窗珠光宝气，为广告花费成千上万元钱，然后雇用一些不会静听他人讲话的店员——中止顾客谈话、反驳他们、激怒他们，甚至几乎要将客人驱逐出店门的店员。他的店面布置再豪华，恐怕过不了多久也是要关门的。

杰克是美国一家百货商店的经理，良好的倾听习惯是他解决客户抱怨的关键。

有一天，一名叫乌顿的先生在杰克负责的百货商店买了一套衣服。这套衣服令人感到失望：上衣褪色，把他的衬衫领子都弄黑了。

后来，乌顿将这套衣服带回该店，找到卖给他衣服的店员，告诉他事情的情形。他想诉说此事的经过，但他被店员打断了。"我们已经卖出了数千套这种衣服，"这位售货员反驳说，"你还是第一个来挑剔的人。"

正在激烈辩论的时候，另外一个售货员加入了。"所有黑色衣服起初都要褪一点颜色，"他说，"那是没有办法的，这种价钱的衣服就是如此，那是颜料的关系。"

"这时我简直气得起火，"乌顿先生讲述了他的经过说，"第一个售货员怀疑他的诚实，第二个售货员暗示我买了一件便宜货。我恼怒起来，正要与他们争吵，此时，一名叫杰克的经理走了过来，他懂得他的职责。正是他使我的态度完全改变了。"他将一个恼怒的人，变成了一位满意的顾客。他是如何做的？他采取了3个步骤：

第一，他静听我从头至尾讲述事情的经过，不说一个字。

第二，当我说完的时候，售货员们又开始要插话发表他们的意见，他站在我的立场与他们辩论。他不仅指出我的领子是明显地被衣服所染污，并且坚持说，不能使人满意的东西，就不应由店里出售。

第三，他承认他不知道毛病的原因，并直率地对我说："你

高效能思维

要我如何处理这套衣服呢？你说什么，我可照办。"

就在几分钟以前，我还预备告诉他们留下那套可恶的衣服。但我现在回答说："我只要你的建议，我要知道这种情形是否是暂时的，是否有什么办法可以解决。"

他建议我再试一个星期。"如果到那时仍不满意，"他应许说，"请您拿来换一套满意的。让你这样不方便，我们非常抱歉。"

我满意地走出了这家商店。到一星期后这衣服没有毛病。我对于那商店的信任也就完全恢复了。

柔能克刚。杰克的经历告诉我们，始终挑剔的人，甚至最激烈的批评者，常会在一个有忍耐和同情心的倾听者面前软化降服。

费城电话公司数年前应付过一个曾咒骂接线生的最险恶的顾客。他咒骂、发狂，并恫吓要拆毁电话，他拒绝支付某种他认为不合理的费用，他写信给报社，还向公众服务委员会屡屡投诉，并使电话公司引起数起诉讼。

最后，公司中的一位最富技巧的"调解员"被派去访问这位暴戾的顾客。这位"调解员"静静地听着，并对其表示同情，让这位好争论的老先生发泄他的牢骚。

"他喋喋不休地说着，我静听了差不多3小时，"这位"调解员"叙述道，"以后我再到他那里，继续听他发牢骚，我共访问他4次，在第四次访问完毕以前，我已成为他正在创办的一个组织的会员，他称之为'电话用户保障会'。我现在仍是该组织的会员。有意思的是，据我所知，除老先生以外，我是世上唯一的会员了。"

"在这几次访问中，我静听，并且同情他所说的任何一点。

我从未像电话公司其他人那样同他谈话，他的态度也变得友善了。我要见他的事，在第一次访问时，没有提到，在第二次、第三次也没有提到，但在第四次，我圆满地结束了这一事件，他把所有的账都付清了，并在他与电话公司为难的诉讼中，他第一次撤销了他向公众服务委员会的申诉。"

案例中这位老先生自认为公义而战，保障公众权利，不受无情地剥削，但实际上他要的是被人看作重要人物的感觉。他先经由挑剔抱怨得到这种感觉，但在他从公司代表那里得到满足后，他的不切实际的冤屈即消失得无影无踪了。

## 二、听听别人怎么说

英国著名的报业大亨康纳德·布莱克说过："实际上，所有人在心底都重视自己，喜欢谈论自己，他们可不愿听你唠唠叨叨地在那儿自吹自擂。"

在生活和工作中，许多人为了纠正别人的意见，往往会絮絮叨叨没完没了。对此，沟通交际大师哈默·艾略特认为，你不如让对方畅所欲言，因为每个人对关于自己的问题一定比别人知道得多，所以不如多给他人说话的机会，听听他的看法。

如果你不赞同他人的意见，你最好不要阻止他说话，这样做不会有什么好的效果。当他人还有许多意见要发表的时候，他通常是不会注意你的。一名高效能人士要做的就是忍耐一点，认真听取他人讲话，并要鼓励他彻底说出自己的意见。在沟通中坚持"听听别人怎么说"的原则往往能带来双赢的结局。

几年前，美国通用汽车公司正在联系采购全年度生产所需的坐垫布。三家有名的生产厂家已经做好坐垫布样品，并接受了通用汽车公司的检验。随后，通用公司给各厂发出通知，让各厂的代表做最后一次的竞争。

其中一个厂家的代表莱恩先生来参加这次竞争，他正患有严重的咽喉炎。莱恩先生说："当时，我嗓子哑得厉害，几乎不能说话。我与该公司的总经理、纺织工程师、采购经理、推销主任及该公司的总经理面谈时，大家都坐在一起，当我站起身来，想努力说话时，却只能发出沙哑的声音。所以我只好在记事本上给他们写了一句话：'诸位，很抱歉，我嗓子哑了，不能说话。'

'我替你说吧。'汽车公司经理说。后来他真那样做了。他帮莱恩展出他带来的样品，并讲述它们的优点，这引起了在座其他人极大的关注。那位经理在发言中一直站在我的立场说话，我在他旁边只是用微笑点头及一些手势来表达我的观点。

令人意想不到的是，我居然得到了那笔合同，他们向我开出了50万码的坐垫布，价值160万美元的订单。这可是我一直以来得到的最大的订单。

我知道，要不是我实在不能说话，我很可能会失去这笔订单。通过这次经历，我发现：让他人说话有时更有价值。"

福特是一家电气公司的销售员。有一天，他来到一个生活比较富裕的村中做考察。

"为什么他们不使用电？"当他经过一家整洁的农家时他不解地向该区代表问道。

"他们都是吝啬鬼，别指望卖给他们任何东西，"区代表答道，

"他们对公司不感兴趣。我已经试过多次，真是无可救药。"

尽管他这么说，但不试一试福特仍不甘心，他走过去叩一户农家的门。门只开了一道口子，一位老妇人探出头来。

她一看见我们身上的公司制服，脸上立刻显出很厌烦的神情。我说："您好，夫人。打搅您了，十分抱歉。我们不是来推销东西的，我们打算向您买一些鸡蛋。"

她探出头来怀疑地望着我们。

"我曾发现你的一群很好看的七彩山鸡，"我说，"现在我正想买一些新鲜鸡蛋。"

"你怎么知道我的鸡是七彩山鸡？"她的好奇心似乎被激发起来。"我自己也养鸡，"我回答说，"而我敢说我从未见过比这更好看的一群七彩山鸡。""那你为什么不用你自己的鸡蛋？"她仍心存疑虑。

"我的来亨鸡下白皮蛋。你是烹调的行家，自然知道在做蛋糕时，白皮蛋不能同红皮蛋相比。为此，我的夫人总在我面前以她所做的蛋糕自豪。"这时，她终于放心地走了出来，态度温和多了。我环顾四周，发现农场中有一个很大的奶牛棚。

"夫人，"我接着说，"我可以打赌，用你的鸡赚的钱，一定比你丈夫用奶牛赚的钱还要多。"嘿！她高兴极了！当然她赚得多！她听我如此说更加高兴，但可惜她固执的丈夫并不承认这一点。

在她带我们参观鸡舍的时候，我留意了几种她十分得意的自造小设备，并向她请教了一些饲料及喂养知识，我们在这方面谈了很长时间。

最后，她说她几位邻居在他们的鸡舍里装上电灯，据说效果很好。她征求我的意见，她是否应该采取这种办法……

两星期以后，这位夫人的七彩山鸡终于也见到了灯光，它们在灯光的助长下愉快成长。我如愿得到了我的订单，她也能多得鸡蛋。这的确是一个双赢的结局。

在工作和生活中，为了与他人进行有效的沟通，我们要谦虚地对待他人，鼓励别人畅谈他们的成就，自己不要喋喋不休地自吹自擂。只有这样，才能实现沟通双赢的结局。

作为一名高效能人士，如果你希望别人的看法与你一致，使你们的谈话渐入佳境，请你记住：给他人说话的机会，使他能畅所欲言，充分地表达出自己的心声。

## 三、倾听的"5个层次"

在企业内部，倾听是管理者与员工沟通的基础。但是在现实中，很多人并没有真正掌握"听"的艺术。

著名的咨询大师，史蒂芬·柯维博士认为倾听主要有 5 种连续的层次：

第一个层次是完全不用心倾听，我们可以用忽视某人来形容，你心不在焉，只沉迷在自己的世界；

第二个层次是你假装在倾听，你可能会用身体语言假装在听，甚至重复别人的语句当作回应；

第三个层次是选择性地倾听，你确实在聆听，"哦，我记起来了，让我告诉你……我也有同感……对呀，你刚才说的我完全明白，我也曾有过类似的经验……这个我不太清楚"，你确实能够了解对方，但你过分沉迷于你所喜欢的话题，只留心倾听自己有兴趣的部分；

第四个层次是留意地倾听，你能全心全意地凝神倾听，要专心聆听确实要花费不少精力，可惜你始终从自己的角度出发；

第五个层次是运用同理心倾听，就是说撇下你自己的观点，进入他人的角度和心灵。假如我们吸走这房间的空气，这对我们会有什么影响？在有空气时，空气会刺激我们呼吸吗？当没有空气时，是什么推动我们呼吸？缺氧才是刺激我们呼吸的原因。有空气便如同感到被理解，这是人类心灵最深层的饥渴，给予他人心灵的氧气，便会使人对你难以抗拒。

具体而言，有效运用同理心倾听，做好同理心回应可遵循以下 5 个步骤：

1. 重复句子。

2. 重整内容：即把别人的字句意思用新的字句说出来，但必须忠于原意。

3. 反映感受：诸如受伤、痛苦、挫败、快乐、宽慰等，你只是用心和眼睛来倾听，重视运用肢体语言，你需设身处地，站在对方的立场。

4. 重整内容和反映感受。

5. 保持静默：对方可以感受到你和他在一起，当你有信心使他感到被了解，而你也知道你了解他，你才采取这种做法。

其他应遵循的原则有：

1. 对对方提供的各种信息保持充分的兴趣与敏感性，不要妄自评断。林语堂说过，如果人一生下来就带着一个 40 岁的头脑，人们在兴趣爱好上的差别就会小得多。所以不要以自我为中心，你自己是妨碍有效倾听的最大障碍。不知不觉被自己的兴趣和想法所缠住，而漏失了别人想透露的东西。

2. 不要预设立场。如果你一开始就认定对方很无趣或已有答案，你就会不断从对话中设法验证你的观点，结果你所听到的都会是无趣的。抱定高度期望值会让对方努力表现出他良好的一面。好的倾听者不必完全同意对方的看法，但是至少要认真接纳对方的话语。点头并不时地说"原来如此""我本来不知道"，说不定他说的是正确的，你或许也可以从中获益。

3. 注重肢体语言。眼睛注视对方、不时点头称是、身体前倾、微笑或痛苦的脸部表情等肢体语言都可用来表达你的意思。

↑

# 历练说话技巧

有人说："眼睛可以容纳一个美丽的世界，而嘴巴则能描绘一个精彩的世界。"法国大作家雨果也说："语言就是力量。"的确，精妙、高超的语言艺术魅力非凡，世界上欧美等发达国家把"舌头、金钱、计算机"并列为三大法宝，口才被公认为现代职场人士必备素质之一。一名高效能人士的好口才再加上礼仪礼节，往往可以为自己的工作锦上添花，如果我们能够巧妙运用语言艺术，对协调人际关系、提高工作效能都将大有裨益。

## 一、为谈话找一个好的切入点

我们与别人谈话，切入点的选择非常重要。一个高效的谈话者在与别人谈话时应选好切入点和开场语。如果我们在讲话时一开始就使自己被听众认同，使"听众"被吸引，那么，我们接下来的讲话就可能是卓有成效的。一般来说，讲话可以如下几种方式切入：

1. 从能与对方产生共鸣的地方讲起

共同的经历或遭遇、共同的研究方向和专业、共同的希望和展望等，都是能够引起对方共鸣的话题，以此种方式开头，常常更易于被交谈者"认同"。

2. 从涉及对方切身利益的话题开始

有经验的谈话者，往往善于将自己的讲话与对方的切身利益联系起来。有时为了开始时能吸引对方，往往会绕个弯子，讲一些对方关心的事，待对方兴趣已起，然后转入正题。

3. 用引人入胜的故事或幽默开头

引人入胜的故事或能够使对方发出会心笑声的幽默，往往能够一下便抓住对方的心，使自己很快被他人接受。

4. 用令人震惊的事实开始讲话

可以通过制造悬念引起对方的好奇心，采用此种讲话开头时，可能需要一些"内幕"消息，无疑，这也是一种很好的吸引他人的方法。

### 5. 用赞扬的话开头

世人都想听赞颂之词，具体的赞扬会使别人更加注意听你讲话，同时，你也会被认作和蔼可亲的朋友而被对方接受。

### 6. 用权威或名人的话引出话题

如同章回小说中的开场语："有诗曰……"一样，名人名言也是极好的开场白。心理学研究认为，每个人都有崇拜权威的心理。名人的话对谈话者来说总是具有一种特殊的魅力，因而也易于将对方的注意力集中起来。

## 二、善用语言艺术

高效能人士应当注意培养自己使用语言的艺术。语言艺术是一门综合艺术，包含着丰富的内涵。一个语言艺术造诣较深的谈话者需要多方面的素质，如具有较高理论水平、广博的知识和扎实的语言功底。那么，作为一名高效能人士，应当如何成功地运用语言艺术呢？这里介绍几种主要的方法。

### 1. 幽默法

幽默是人整体素质的重要组成部分，是既受之于天又谋自于心的特有秉性，它是生活中不可缺少的调味品、润滑剂。有了它，便能冰释误会、稀释责任、和缓气氛、减轻焦躁、缓冲紧张；有了它便能使陌路人相识、孤独者合群、对立者化友。心理学家维勒斯说过："如果您能使一个人对你有好感，那么也就可能使你周围的每一个人甚至是全世界的人，都对你有好感。并不是要你到处与人握手，而是以你的友善、机智、幽默去传播你的信息，这样时空距离就会消失。"

美国总统里根就任后，打算选择国会议员戴维·斯托克曼担任联邦政府的管理与预算局局长。但是斯托克曼曾多次在公开辩论中抨击里根的经济政策。里根怎样才能打破僵局呢？他给斯托克曼打了个电话："戴，自从你在那几次辩论中抨击我以后，我一直在设法找你算账，现在这个办法找到了，我要派你去管理与预算局工作。"一个幽默的电话，不但打破了僵局，而且起到了化干戈为玉帛的功效。

2. 含蓄法

含蓄法是运用迂回曲折的语言含蓄地表达本意的方法。说话者故意说些与本意相关或相似的话语，以烘托本来要直说的意思。这是语言交际中的一种"缓冲"方法，它能使本来也许困难的交往，变得顺利起来，让听者（或观众）在比较舒适的氛围中领悟本意。

3. 模糊法

语言的含义实际上往往是极其模糊的。有时，我们运用不确定的，或不精确的语言进行交际、公关，常常可以收到精确语言难以达到的效果。

当然，模糊语言也需慎用。

## 三、"装饰"你的声音

声音以及语速语调在我们日常的交谈中扮演着很重要的角色。

语调可以增强一个人谈话时的魅力，一些人说话，声音微弱低沉，模模糊糊，吞吞吐吐，容易给人一种怯懦的感觉，这样有损于自己的形象，也不利于所讲内容的正常表达。

声音是交往的最重要的手段，正如姿态一样，声音也向别人表现着自己。你可以用录音的方式，把自己的话录下来，然后进行下列检查：

1. 你是否说得太快？如果是，可能会给听众一种神经质的印象。

2. 你是否讲得太慢？如果是，可能会给听众一种你对自己所讲的话缺乏把握的印象。

3. 你是否含糊其词？这是一种缺乏安全感的明确标志。

4. 你是否用一种牢骚的语调说话？这是一种自我放任和不成熟的标志。

5. 你的声音太高而刺耳吗？这是神经质的又一种标志。

6. 你用一种专横的方式说话吗？这意味着你固执己见。

7. 你用一种做作的方式说话吗？这是一种害羞的标志。

在语言表达中，你是否存在着以下这些缺点呢？

1. 口头语太多，而且总是把一句话重复了一遍又一遍。

2. 一说话，就摆官腔，一股子居高临下的官派语气和作风。

3. 语调酸味十足，拿腔拿调，哗众取宠，令人作呕。

4. 与人交谈总是前言不搭后语，含糊其词。

这些缺点常常会给人以最直接、最明显的感觉，因此，需要你在工作实践中改正这些缺点，这不是轻而易举能够做到的，一定要有耐心，不断努力。

有些人常会抱怨自己的语言表达单调、机械、贫乏。其实，出现这种问题我们大可不必着急，你的毛病出在了语音节奏和旋律上。要知道，当你在说话时，每个句子都应是高低起伏、抑扬顿挫的，而不能是一条直线，自始至终没有变化。而且，当你情绪激动时，音调就会变得高昂，当你情绪哀伤时，音调就会变得低沉，不是一成不变、非常单调的。

要改掉平板的语调，你可以从朗读文章开始，可以是诗歌，可以是散文，也可以是电影台词。同时，也要听一听别人究竟是怎么说话的，然后与自己做一比较，找出不同，加以改正。只要坚持不懈，你的语调一定会变得优美起来。

## 四、如何化解分歧

谈话中往往会出现分歧，尤其是在涉及利益纠纷的时候。一个高效能人士应当善于处理谈话中产生的分歧。对于分歧，较理想的结局就是能使双方都满意，出现所谓"化干戈为玉帛"的局面。争取这种可能性的前提就是双方的积极沟通，运用倾听的技巧和应答的技巧，理解彼此的需求，分析矛盾的原因，寻求解决的方式。

面对分歧，人们首先应判断它是不是真正的分歧，看一看表面现象说明了什么实质问题，有时它们之间的联系并不十分清楚，需要通过交谈和倾听，去了解对方的真实要求。当我们仔细倾听时，会发现有一部分问题只是思想情绪问题。比如是领导关心不够，内心苦恼无处诉说，所以用一些过激的言辞来引起别人的注意。再如家庭问题影响了情绪，致使他在工作中故意处处对着干等。

通过倾听可以排除一部分非原则性分歧，同时还可以削弱一些与实际问题无关和无益的情绪。由于出现分歧，会使人产生情绪。这种情绪的消极影响会扩散到其他方面，如迟到挨批评后引起争论，被批评者会把批评引起的不满转到批评者身上去，认为迟到是因为住地太远、交通拥挤、领导不关心员工困难等。当认真倾听后，那些无益的情绪会逐渐减弱，对立的状态会慢慢消失，引起分歧的实际原因会渐渐清晰，你对他的真正需求就会了解了。从另一个角度说，对方发泄了自己的情绪，把反对意见都讲出来后，他自己会产生歉疚感，这样他往往会主动讲明引起分歧的原因，也会比较客观地对待分歧，这也为共同解决问题创造了条件。另外，我们也需要检查自己。谁都可能偏执，都有看问题片面、感情用事的时候。

需要注意的是，了解了对方合理的想法，就应该尊重它，这是共同合作的起点。实际上，通过倾听与交谈，彼此不仅明白了分歧点，也明白了问题的原因与希望达到的目的。我们的目标是解决分歧，不是评价他的想法。所以，我们应当尽量避免使用评价性的语言。断定性和评价性的语言，容易限制人的思维而放弃探求更好的解决方式。我们应诚恳地讲明希望合作的愿望，并激发彼此的想象力，只要双方都有合作解决的诚意，共同满意的解决方法还是可以找到的。

## 五、巧妙地拒绝

一般来说，在交际中能随和、恭顺、敦厚总是受人欢迎的。但是这些优点如走向极端，也会变成人的弱点。生活、工作中有很多需要说"不"的时候，如果不敢在分歧时大胆表明自己的态度，给予回绝，那么，你就很难成为一名能够把握自己工作重点的高效能人士。

喜欢被别人赞赏是人的本性，但如果处处以别人是否满意来决定自己的行为，就失去了自我的价值。有人在交往中为博得他人的好感，不惜时时放弃自己的立场，避免冲突，事事赞同，唯唯诺诺，结果非但没有得到别人的欢心，反倒时时受到轻视，自己内心又受着不情愿屈从的折磨，真是内心苦楚无人知晓。所以说，一个懦弱的人没有勇气拒绝别人时，他就渐渐地失去了自己，然后又失去了别人。他就会被生活一次次推入新的矛盾的旋涡中去而不能自拔。卓别林曾说过："学会说'不'吧！那你的生活将会好得多。"一个人应该明白他必须学会拒绝，才能赢得真正的友谊、理解和尊敬。一名高效能人士尤其要学会拒绝的交际艺术。

1. 拒绝的态度要诚恳

提出要求的人形形色色，提出的要求也各种各样，要根据事情的性质和与对方的关系来确定表达方式。但不论什么情况，诚恳的态度都是首要的。对相交坦率的朋友，可直率表明拒绝的原因；对一般同事、上下级，应认真了解要求的详情，再表达出自己经过认真考虑，还是无法办到，不要给人以敷衍的感觉。

2. 拒绝的态度要明确

应该使对方明白无误地了解你的意思。一般说，拒绝总有一个"沉吟"的过程，不能像回答问题那样立刻反应，如果没过脑子就拒绝，则太让对方伤心了。拒绝时应打消对方的幻想，不要用含糊的托词："我再想想看""到时候再说"等，应有明晰的信息："很抱歉，我不能满足你的要求。"态度坚决，别人就不会再来强迫你的意志了。

### 3.以提出建议代替拒绝

这是比较理想的解决方式，既表明了自己的态度，又使拒绝具有建设性。例如，诗人叶赛宁到莫斯科来找加里宁申请住宅。加里宁没有说叶赛宁不应住在城市，也没提房子问题，而是劝导他到农村的新生活中去体验，循循善诱，从诗到农民，从农民到农村，到体验生活，非常自然地解决了问题。

### 4.讲明处境，请求对方谅解

当对方提出的要求，自己确实无法办到时，应讲明原因，说明自己力不从心的处境，请对方给予谅解。这时也可以把"皮球"扔给对方：你看怎么办才好呢？这种情况下对方会降低或放弃自己的条件，甚至可能会作出否定结论，这就替你解围了。

### 5.从对方的角度谈拒绝的利害关系

一位战士准备了一桌酒菜请新指导员赴宴，希望以后多多关照。指导员很生气，坚决不去，说："怎么能这么搞！一有家属来队，就要请干部喝两盅，这规矩得改！你一个月才拿十几块钱的津贴，经得起这么摆阔吗？想入党，是件好事，但是一定要走正道！"指导员指出这种请客一来使人走歪道，二来耗费钱，都是从战士的角度谈的，这样拒绝赴宴，战士心服，并且更敬重指导员了。

## 六、掌握有效说服的手段

当你希望别人接受你的想法时，怎样才能达到目的呢？起码有两点是必不可少的，那就是温和的态度和对方能接受的起点。

太阳和风的寓言，形象地说明了温和的方式比强力更容易被人接受。温和的态度、友善的方式意味着对别人的尊重，必然会得到对方相应的回报。《管子·心术下》中有"善气迎人，亲如弟兄；恶气迎人，害人兵戈"之说。不论是希望别人改变其做法、想法，还是希望别人接受你的观点，友好的态度总是首要的。对别人的友好表示很容易得到友好的回报。人的内心是极其敏感的，任何一点强迫的暗示，都会使人产生抵触心理。上级对下级的训斥，家长对孩子的责骂之所以不起效果，其原因就在于对方的"心理防线"。因此，我们要有效地说服别人，达到自己谈话的目的，就要学会推己及人，通过温和的态度突破对方的"心理防线"。一般来说，说服别人我们可以采取下述的几种方法：

1. 让对方说"是"

有效说服别人的一项很重要的原则就是一开始就让对方说"是"。要做到这一点，我们首先要找出双方都能接受的共同点作为谈话的起点，这样做的目的是寻求与对方思想上的共鸣，表示出自己对对方的理解，然后步步深入，把自己的观点渗透到对方头脑中。如果急于求成，往往事与愿违。如同自然界的现象，倾盆大雨时，水会从地表流走，而细雨不停，土地就会吸收浸透。美国的戴尔·卡耐基把寻求谈话共同点的方式称作"苏格拉底式"的谈话技巧，就是在谈话开始时，以得到"是"的回答为根据，通过不断的"是"使对方扭转180度，接受当初不赞成的意见。他举了这样一个例子：一家公司的总工程师通知西屋公司说，不准备订购他们的发动机了，理由是发动机的温度过高，工作人员无法碰它。西屋公司的推销员前去交涉，就是从"是"开始进行说服的："我同意你的意见，如果发动机太热，不应该买它。发动机温度不应超过国家规定的标准。"对方答："是。""有关文件规定发动机温度在室内可以比室外高 72 华氏度，对吗？"对方说："对。""你们厂房有多热？"对方答："大约 75 华氏度。""75 华氏度加上 72 华氏度是 147 华氏度，如果用手触摸，是不是会被烫伤呢？"对方答："是。"于是，推销员对他说，请转告工作人员不要用手去触摸马达，免得被烫伤。他就是用这种方式，把自己的意见通过对方的"是"，灌输到了对方大脑中，使对方又接受了订货。这种方法实际上就是按对方的思维逻辑去考虑问题，承认对方赖以作出决定的依据，再委婉地表示出依据的不合适。在经济索赔的谈判中，这种方法是很有效的。说服别人是促使事物向前发展，寻找交谈的共同点，就是使自己与对方站在同一方向的起点上，是为了产生指向同一方向的力，而径直劝诫是相对的力，会产生排斥的作用。人们常用引导、迂回、求同、暗示等方法，达到自己的目的。

2. 善用迂回

迂回是最常见，同时也是最成功的劝诫方式之一。《触龙说赵太后》就是范例。公元前 265 年，赵国被秦国围攻，情况紧急，赵国向齐国求救，齐要求必须让赵太后的小儿子作人质，否则不发兵。太后与大臣闹僵，说："再提让长安君当人质的事，我就唾他。"在这种情况下，触龙为了说服赵太后，话题绕了一个大弯子，先谈自己的身体不好，饮食欠佳，这正是老人惯常的话题。赵太后的气渐消。因为饮食、身体都是老人关心的，并且与要说的正题相关。触龙及时转到孩子问题，谈到自己想给自己的小儿子在王宫卫队中找个差事，爱子之情溢于言外。这也是在与赵太后爱子而不忍心送长安君为人质的想法相呼应。果然，赵太后被引向预定的谈话方向了："男子也爱自己的小儿子吗？"回答说："比妇人厉害。"太后开始笑了，"还是妇人更过分！"触龙接着讲什么是对子女的爱，就逐渐进入劝导的话题了。最后他陈述了真正的爱子之道，是为其将来着想，今日立功为以后自立做准备。赵太后终于被说服了。在交谈中想要达到目的，愿望与结果之间的最短距离常常不是直线，绕绕弯子不可避免，只是不要太过分就好。

3. 寻找共同点

寻找共同点也是交谈成功的最重要方式之一。人们常常从同学、同乡、同职业、同爱好等入手交谈，以缩短彼此间的心理差距。有人因跳舞而影响工作，领导者会这样开始找他谈话：跳舞是很有益的活动，可以锻炼身体，陶冶情操，培养审美鉴赏力。我过去也很喜欢跳舞，那时候都是华尔兹，轻缓抒情，也上瘾，后来觉得影响工作，就慢慢地有节制地跳了。这样导入正题，就会好一些。有人喜欢直来直去地简单行事："喂！无精打采的，又去跳舞了！"这回答的结果就是："跳又怎么了，腿长在我身上。"

↑

# 及时和同事及上下级交流工作

正确处理自己与上下级各类同事的关系，及时和同事及上下级交流工作，是高效能人士的一项重要习惯。做到上下逢源，正确处理"对上沟通"，与同事保持良好的互动交流是我们提高工作效能的一个关键。

## 一、做好"对上沟通"

许多人因为和自己的上司无法相处，或者因为觉得老板愚蠢至极而在办公室里度日如年。很多人在公司或在自己同事的周围讲过有关老板的笑话，这些错误的做法容易让人形成一种思维定式，不自觉地将自己放在老板的对立面，进而引起一系列"对上沟通"的问题，这些问题出现的主要原因就是个人没有对老板形成一个正确的认知态度，因此也就造成了一系列"对上沟通"的障碍。在实际工作中我们应该摆平心态，学着体谅老板，学会站在老板的角度上看问题，这样才能在公司与老板和睦共处。

一般来说，我们与上司沟通，需要遵循以下 6 个原则：

第一，要认清沟通双方的角色。在与上司沟通时，你一定要时刻提醒自己这是跟上司在沟通，不是朋友。上司在公司里总是要体现自己的权威的，因此不论你谈论什么、做什么，都得尊重他的权威。意识到你们双方的角色后，沟通的大方向就不会错。

第二，要了解上司的风格。每个领导都有其独特的领导风格。了解上司的性格是你发展社交关系的一大助力。如果你刚接受新工作，多向同事了解老板的习惯和要求，搞清楚他的性格特点和处事作风。

如果你的上司很霸气，那么这个人可能会很固执，对于这样的人，你沟通的目标一定要明确。固执的人往往不可能在短时间内接受别人的意见。因此，沟通的时候，千万不要把你的观点直接明确地告诉他，而要采取"迂回"战术，不要急于把你的观点说出来，而是通过各种例子或事实来说服他。固执的人都有自己的主见，如果采取暗示的方式，他很容易就能接受。此外，在给这样的上司打电话谈论问题时要注意把握时间的长短，不要寄希望于10分钟内就能把他"搞定"。

还有一些上司非常追求完美，做事情也力求达到百分之百完美的程度，不容许有任何的差错。与这样的人沟通时，也要把握好他的这种特点，万一不行，要及时改变沟通的目标。

当我们面临一些比较内向的上司时，会发现我们在跟他说话时，他好像没有什么反应。其实，这样的上司往往在心里面已经有自己的想法，只是你察觉不到罢了。跟内向的上司沟通时，一定要注意观察他的言语动作等微小细节，因为内向的人在细节上往往会把自己真实的想法表露出来，他嘴上说的，也许会跟内心的真实想法不一致。

如果你的老板是一个与你的价值观完全不同的人，要尊重他的价值观。每个人的价值观都不完全一样，跟人沟通最大的障碍就是以自己的价值观权衡别人，不要以为自己认为某件事情有价值，别人也跟你一样持有相同的观点。

第三，要以公司利益为先。与老板沟通，有点"与狼共舞"的感觉。一方面，我们议论他；另一方面，他又给我们发薪水，这是很矛盾的。若跟他沟通不好，马上就会影响到你的前程命运。因此，与老板沟通时，沟通的立场也很重要。如果你说话的立场完全是站在公司这一方的，本着为公司赢得利润的态度来跟他交流，相信你的老板不会持太大的反对意见。对于老板来说，公司的核心就是利润。当老板不同意你的说法时，你要考虑到老板说的是不是有理，你是否在一厢情愿地站在自己的角度考虑问题。老板永远是站在公司的角度考虑问题的，只要是能给他带来利润的意见，老板肯定是同意都来不及。

第四，要主动报告自己的工作进度。每一个上司都十分关心自己下属的工作进程。因此做下属的一定要主动报告自己的工作进度，让上司放心，不要等事情做完了再讲。有时小小的一点错误，发展到后面就会变得很大，所以最好早早地向上司汇报你的工作进度，一旦有错误，他可以及时地纠正你，避免犯大错误。

一名高效能人士应当主动向老板汇报自己的工作进度，只有经常地向上司报告，让上司知道你的工作进度，让他放心，才能让他继而对你产生好感。对上司来说，管理学上有句名言：下属对我们的报告永远少于我们的期望。可见，上司都希望从下属那里得到更多的报告。因此，做下属的越早养成这个习惯越好，上司一定会喜欢你向他报告的。

第五，学习上司的能力，了解上司的语言。一个高效能人士，脑筋一定要转得快，要跟得上上司的思维。

他能有资格当你的上司，肯定有他自己的一套方法，有比你厉害的地方。因此，你不仅要努力地学习知识技能，还要向你的上司学习，这样才会听得懂上司的言语。当他说出一句话时，你要能够马上判断出它的主要含义。为此，我们要学习上司的言语，只有这样，才能够跟得上他的思维。若不努力地学习上司的优点，那当你的上司已想到10年之后的发展宏图，你才看到下个月的计划时，你跟他的差距就会越来越大，此时，想要他重用你、提拔你是不可能的事情。

不想当将军的士兵不是好士兵。一名高效能人士应当有有朝一日自己也要做老板的抱负。员工想要超越自己的老板却并非易事，想要超越自己的老板，首先要学会老板的本事，然后再谈超越。你若连老板的那一套都没有学会，谈何超越呢？因此，一名高效能人士要不断地学习，学习你的上司，不断充实自己，才会提升自己，获得上司的赏识和提拔。

第六，主动对工作提出改进意见。一名高效能人士应当时常主动地对自己的工作提出改进意见。这是最难做到的事情。如果你的上司说："各位，我们来研究一下，工作流程是否可以改进一下？"严格说来，这样的话，不应该由你的上司来讲，而应该由你说出。所以每过一段时间，你应该想一下，工作流程有没有改进的可能？如果你才是你所干工作的专才，而你的上司不是，却由他提出了改进计划，想出了改进办法的话，你应该感到羞愧。

任何一个人的能力不是尽善尽美的，同样，任何一个工作流程都不是十全十美的，都有改进的可能。最糟糕的是大家都无所谓，安于现状，不对它进行改进。一个组织没有进步，这点做得不好是重要的原因。大家都不想改善，而你却做到了，你就同他人不一样，上司也会喜欢你、看重你。

## 二、及时和同事做好交流

一个高效能人士要成功，应具备一定的创新能力、必要的知识和技能，并要努力工作，但是成功与否同时也取决于自己能否与周围的人形成良好的关系，这对于我们交流工作，建立和谐的工作氛围至关重要。与周围的人建立良好的关系，对一个人的心理健康、工作效能以及职业生涯来说是大有裨益的。为了建立良好的同事关系，我们可以按照以下几点去做：

1. 做到彬彬有礼，尊敬他人。你希望别人怎么对你，你就应该怎么对待别人。

2. 富有同情心，关心他人。理解别人，体会他们的感受，设身处地为他人着想。你可以通过一些小事来表现你的关心，诸如以下小事都是行之有效的：当你冲咖啡的时候，也为同事冲上一杯；在你的工作完成以后，适时地给其他人提供帮助。不要期待马上就有回报，也许在不经意的时候你就会得到别人的帮助。

3. 乐于接受他人。不要浪费时间去试图改变他人，要认识到：你不可能真正改变一个人，但是你可以改变你对待他们的态度。如果你接受了其他人不同的信念、宗教信仰等，你将发现他们也会更加乐于接受你。别忘了，多样性的力量是无穷的。让每一个人都具有一模一样的思考方式以及信仰不仅是无意义的，而且也相当的危险。也许你不能同意别人的意见，但你必须承认每个人都有持不同观点的权利。

4. 要有耐心。不要急于下判断，在反驳别人的观点之前，首先弄清楚别人究竟说了些什么内容。

5. 信守诺言。遵守你所许下的诺言，要超越人们对你的期望，让你的工作比预期完成得更好、更快。

6. 反应迅速。快速地做出回应，比如，及时回复电话能够表明你这个人值得信赖，而且工作效率很高。

7. 学会感恩。如果某人对你很好，要认识到这一点，不要把别人对你的友好视作理所当然。你可以通过以下方法表示你的感激之情：

· 在他的桌上留下一张感谢的便条。

· 给他发一张私人贺卡。

· 带上些点心，邀请他一起喝早茶。

· 帮助他完成一项乏味的任务。

8. 乐于同他人合作，寻求双赢的局面。一个高效能人士既要善于同同事合作，又要正确处理与同事之间的竞争关系。帮助他人挽回面子，在工作中帮他人寻求价值。如果结果对你不会有太

高效能思维

大影响，就要适当地作出妥协。

9. 心胸开阔，充满热情。倾听新想法，接受他人的感染。要承认这样一个事实：解决问题的方法绝不会只有一个。要乐于接受任务，勇争第一。表现你的行事风格，显示你的领导才能，展现你的创新能力。你的热情态度将会影响你周围的人，要积极主动，即使周围的人没有及时回应也要如此，因为，毕竟有时候你在对他人施加影响力时也需要时间。

10. 谦虚谨慎。一个高效能人士对于自己应有一个正确的认识。要认识自己的弱点，不要企图掩盖自己的错误。同时，在承认错误的同时要表明你将怎样去解决这些问题。

## 三、如何与下级沟通工作

相当多的上司都是追求完美的人，总希望布置给下属的工作能够及时、有效地完成。事实上，凡事都要求百分之百完美也是作为领导的一个缺点。因此，作为上级，当你的员工已经做得非常好的时候，你要加以肯定，因为肯定你的下属，也是肯定你自己。

据了解，追求完美的人都有一个特点，就是自卑，虽然他们嘴上不承认，但内心非常清楚。追求完美的人，自我价值感都很低，他们对每一件事情都追求完美。比如，他会在做某件事情之前计划好应达到的程度，但是当他达到这个程度时，受其追求完美思维习惯的影响，他会发现这件事情这儿做好了，那儿没做好……如此一来，不论做什么事情，他都找不到自我价值感。所以说追求完美的人，压力会不断加大，他本身也会不断地否定自己。作为上级，如果意识到自己是一个追求完美的人，一定要改善，这样才能有效地跟下属沟通。这种改善，其实不光是为了下属，也是为了自己，为了让自己也得到肯定。调查发现，追求完美的人的内在心理机制是惩罚，而惩罚会导致一个人心理退缩，倒不如进行自我激励和自我肯定。

上司跟下属沟通工作时，要掌握好下属的性格特点，了解下属办事的效率，这样，分配工作才恰当，也为提高工作效率做好铺垫。另外在与下属进行沟通的时候，一定要善于发现下属的情绪问题，不让他们把情绪积压起来，尤其对心理素质比较脆弱的人，更应如此。曾经出现过这样的例子，有员工因为5元钱而自杀，其中的原因就是上级跟下级在进行沟通的时候，没有考虑到员工的心理承受能力。有些人需要你用比较含蓄的方式来跟他沟通，有些人需要你严肃地当面指出他的错误，关键在于你采取的方式是不是令对方能够接受的。

上司跟下属沟通时还要注意一个角色转换的问题。什么时候跟下级是同事关系，什么时候跟下级是朋友关系，这得分清楚，否则，角色的混乱会引起沟通的混乱和无效。当然，对于刚刚接管一个部门的领导，需要一段时间来强化自己的角色。

↑

# 集思广益，博采众议

一个事物往往存在着多个方面，要想全面、客观地了解一个事物，就必须兼听各方面的意见，只有集思广益，博采众议，才能了解一件事情的本来面目，才能采取最佳的处理方法。因此，一名高效能人士应以"兼听则明，偏听则暗"的箴言时常提醒自己，多方地听取他人的意见，以确保自己能够做出正确的决定。

## 一、广开言路，博采众长

卓有成效的管理者都非常重视"员工参与管理"。管理者应认真听取员工对工作的看法，积极采纳员工提出的合理化建议。员工参与管理会使工作计划和目标更加趋于合理，并增强了员工工作的积极性，提高了工作效率。

1880年，柯达公司创始人乔治·伊士曼首先研究成功一种新的感光乳剂。这一发明引起人们的重视，他的研究开始得到别人的赞助。经过6年时间他终于研制出卷式感光胶卷，即"伊士曼"胶卷。新型感光胶卷的出现，结束了用湿漉漉的、笨重易碎的玻璃片做底片的历史。又过了两年，他又研究出手提式小型照相机。这种照相机被命名为"柯达一号"。摄影爱好者从此结束了用马车装载照相器材的日子。

伊士曼的一系列发明，为他赢得了可观的财富。这时，他成立了"伊士曼—柯达"公司，专门生产照相器材。

为了改善公司的经营管理，伊士曼很重视听取员工的意见。他认为公司的许多设想和问题，都可以从员工的意见中得到反映或解答。为了收集员工的意见，他设立了建议箱，这在美国企业界是一项创举。公司里任何人，不管是白领还是蓝领，都可以把自己对公司某一环节或全面的战略性的改进意见写下来，投入建议箱。公司指定专职的经理负责处理这些建议。被采纳的建议，如果可以替公司省钱，公司将提取头两年节省金额的15%作为奖金；如果可以引发一种新产品上市，奖金是第一年销售额的3%；如果未被采纳，也会收到公司的书面解释函。建议将被记入本人的考核表格，作为提升的依据之一。

柯达公司的"建议箱"制度，从1898年开始实施，坚持到现在。第一个给公司提建议的是一个普通工人，他的建议是软片室应经常有人负责擦洗玻璃。他的这一建议得奖20美元。设立建议箱100多年来，公司共采纳员工所提的70多万个建议，付出奖金达2 000万美元。这些建议，减少了大量耗财费力的文牍工作，更新了庞大的设备，并且堵塞了无数工作漏洞。例如，公司原来打算耗资50万美元，兴建包括一座大楼在内的设施来改进装置机的安全操作。可是，工人伯金翰提出一项建议，不用兴建大楼，只需花5 000美元就可以办到。这建议后来被采纳，伯金翰为此获得5万美元的奖金。

进入 20 世纪 80 年代以后，柯达公司的员工向公司提建议更为积极。1983 年和 1984 年两年有 1/3 以上的职工提过建议，公司由于采纳职工建议而节省了 1 850 万美元的资金，为提建议的员工付出 370 万美元的奖金。柯达公司设立"建议箱"所取得的成果，吸引了美国不少企业。柯达公司设立"建议箱"的做法为我们的管理决策提供了一个很好的启示：要做出正确的决策必须要善于集思广益，博采众长。

## 二、让各部门的各级人员都可以直接参与公司决策

一个卓有成效的管理者应当放下自己的架子，集思广益让各部门的各级人员都可以直接参与公司的决策。

通用电气公司的前身是美国爱迪生电气公司，创立于 1878 年。

经过一百多年的努力，通用电气公司现已发展成世界最大的电气设备制造公司。生产的产品种类繁多，除了一般的电气产品，如家电、X 光机等，还生产电站设备、核反应堆、宇航设备和导弹。但到了 1980 年，这个巨大的公司却落到山穷水尽、难以维持的境地。

就在这危急关口，年仅 44 岁，出身于一个火车司机家庭的杰克·韦尔奇走马上任了，担任了这个庞然大物的董事长和总裁职务。

他上任后进行了一系列改革，其中最重要的一条就是，宣布通用电气公司是一家"没有界限的公司"，指出："毫无保留地发表意见"是通用电气企业文化的重要内容。

1986 年，一位年轻工人冲着分公司经理嚷道："我想知道我们那里什么时候才能有点'管理'！"韦尔奇听说后，不仅不允

许处分这个年轻人，还亲自下去调查，几周之后，分公司的领导班子被撤换了。

在通用电气公司里，每年有 2 万到 2.5 万职工参加"大家出主意"会，时间不定，每次 50 人到 150 人，要求主持者要善于引导大家坦率地陈述自己的意见，及时找到生产上的问题，改进管理，提高产品和工作质量。

职工如此，公司的各级领导层也在这个精神的指导下，更加注意集思广益。

每年 1 月，公司的 500 名中高级经理在佛罗里达州聚会两天半。10 月，100 名主要管理者又开会两天半，最后 30 ~ 40 名核心经理则每季度开会两天半，集中研究下面的反映，作出准确及时的决策。

当基层开"大家出主意"会时，各级经理都要尽可能下去参加。韦尔奇带头示范，他常常只是专心地听，并不发言。开展"大家出主意"活动，给公司带来了生机，取得了很大成果。如在某次"大家出主意"会上，有个职工提出，在建设新电冰箱厂时，可以借用公司的哥伦比亚厂的机器设备。哥伦比亚厂是生产压缩机的工厂，与电冰箱生产正好配套。如此"转移使用"，节省了一大笔开支。这样生产的压缩机将是世界上成本最低而且质量最高的。

开展"大家出主意"活动，除了在经济上带来巨大收益之外，更重要的是使职工感到自己的力量，精神面貌大变。经韦尔奇的努力，公司从 1985 年开始，职工减少了 11 万人，利润和营业额却都翻了一番。据说，通用电气是美国道·琼斯工业指数设立以来唯一至今仍在榜上的公司。通用电气曾被《财富》杂志评为"美国最受推崇的公司"和"美国最大财富创造者"。1997年，通用电气以其908亿美元的收入，名列《财富》500强的第12位。

### 三、虚心听取不同的声音

一个高效能的管理者应当能够接纳不同的意见，虚心听取不同的声音，这样才能确保自己做出正确的决策。

本田宗一郎是日本著名的本田车系的创始人。他为日本汽车和摩托车业的发展做出了巨大的贡献，曾获日本天皇颁发的"一等瑞宝勋章"。在日本乃至整个世界的汽车制造业里，本田宗一郎可谓是一个很有影响力的重量级传奇人物。

1965年，在本田技术研究所内部，人们为汽车内燃机是采用"水冷"还是"气冷"的问题发生了激烈争论。本田是"气冷"的支持者，因为他是领导者，所以新开发出来的N360小轿车采用的都是"气冷"式内燃机。

1968年，在法国举行的一级方程式冠军赛上，一名车手驾驶本田汽车公司的"气冷"式赛车参加比赛。在跑到第三圈时，由于速度过快导致赛车失去控制，赛车撞到围墙上，导致油箱爆炸，车手被烧死在里面。此事引起巨大反响，也使得本田"气冷"式N360汽车的销量大减。因此，本田技术研究所的技术人员要求研究"水冷"内燃机，但仍被本田宗一郎拒绝。一气之下，几名主要的技术人员决定一起辞职。

本田公司的副社长藤泽感到了事情的严重性，就打电话给本田宗一郎："您觉得在公司是社长重要呢，还是一名技术人员重要呢？"

本田宗一郎在惊讶之余回答道："当然是社长重要啦！"

藤泽毫不留情地说："那你就同意他们去搞水冷引擎研究吧！"

本田宗一郎这才省悟过来，他毫不犹豫地说："好吧！"

于是，几个主要技术人员开始进行研究，不久便开发出适应市场的产品，公司的汽车销售是也大大增加。这几个当初想辞职的技术人员均被本田宗一郎委以重任。

一个成功的领导者应当像本田宗一郎先生一样，有容纳不同意见的胸怀，集思广益，博采众议，这样才能用活众人的智慧，取得卓有成效的工作业绩。

# 第五章

# 自控思维

化压力为动力的平衡之道

# 保持身体健康

个案一

李先生是一家著名广告公司的创意主管，虽说工作、生活都还算过得去，但地位、收入都较平平。他不甘心，四处活动，做了好几个兼职，一个星期几头跑，名声大了，腰包鼓了。正当他春风得意之际，身体向他抗议了，他用一个字来概括：累！每晚回到家里，觉得骨头都要散架了，一上床那些莫名其妙的梦便来烦他。

个案二

王女士将近 40 岁，是一个典型的上班族，最怕夜晚来临。因为不知从什么时候开始，她成了没有睡眠的人，几乎用尽了除药物以外的所有土方洋法，也未能解决失眠问题。不仅如此，食欲下降、神经衰弱、性欲减退等症状也相继赶来凑热闹，去医院又查不出什么问题。

那么，李先生和王女士到底怎么了？原来他们得了一种时髦病，这方面最主要的原因是超负荷工作导致的过度劳累，被欧美医学专家命名为"过劳伤害"。这种"过劳"既有精神上的，也有体力上的，或是两者的结合，正在成为新世纪的灾难，其中一些人甚至因之而死亡，谓之"过劳死"。其实，类似的病例并不罕见。

由此可见，"充沛的体力和精力是成就伟大事业的先决条件。保持身体健康，远离亚健康是每一名高效能人士必须遵守的铁律"。

## 一、保持健康的 5 个要诀

1. 全面而合理的膳食

最科学的食谱是保证营养均衡。日常生活中，每天的膳食必须保证糖、蛋白质、脂类、矿物质、维生素等人体所必需的营养物质一样也不少。同时，还应当注意克服两种不良的膳食倾向：一是食物营养和热量过剩；二是为了某种目的而节食，以致食物中某些营养素和热量不足。这两种错误都足以导致身体出现"亚健康"状态。具体说，一个健康的成年人每天需要 1 500 卡路里的能量，工作量大者则需要 2 000 卡路里的热量，不断补充营养是保持精力充沛的前提。

同时还应注意以下几个方面：

（1）脂肪类食物不可多食，也不可不食

因为脂类是大脑活动所必需的，缺乏脂类会影响大脑的正常思维；但若食用过多，则会使人产生昏昏欲睡的感觉，而且长期累积就会形成多余脂肪。

（2）维生素作用巨大，不可缺乏

经常操作计算机者容易眼肌疲劳，视力下降，维生素 A 对预防视力减弱有一定效果，可通过多吃鱼肉、猪肝、韭菜、鳗鱼等富含维生素 A 的食物来补充；经常在办公室的人，日晒机会少，容易缺乏维生素 D，需多吃海鱼、鸡肝等富含维生素 D 的食物；

当人承受巨大的心理压力时，所消耗的维生素 C 将显著增加，而维生素 C 是人体不可或缺的营养物质，应尽可能多吃新鲜蔬菜、水果等富含维生素 C 的食物。

（3）补钙和安神

工作中为了避免上火、发怒、争吵等激动情绪，饮食中可以有意识地多吃牛奶、酸奶、奶酪等乳制品，以及鱼干、骨头汤等，这些食品含有丰富的钙质。研究表明钙具有防止攻击性和破坏性行为发生的镇静作用。

及时而恰当的生活调理十分重要。现代人少不了应酬，饭店的食品美味诱人，但往往碳水化合物过高，而维生素和矿物质含量相对不足，常在外就餐者应注意生活调节，平时应多吃一些瓜果蔬菜以及豆制品、海带、紫菜等。

利用碱性食物的抗疲劳作用。高强度的体力活动后，人体内新陈代谢的产物——乳酸、丙酮就会蓄积过多，造成人体体液呈偏酸性，使人有疲劳感。为了维持体液的酸碱平衡，可有意多吃以西瓜、桃、李、杏、荔枝、哈密瓜、樱桃、草莓等水果为主的碱性食物。

2. 按生物钟规律作息

一个身体健康的人一定是一个严格按生物钟规律作息的人。所谓生物钟，是指人体内各个器官所固有的生理节律。人体内的生物钟有 100 多种，在大脑的统一指挥下协调各器官的功能，并规范着人的活动，如睡眠与觉醒、记忆与思维的涨落、体力与精力的兴衰等。一个人需要按照自身的生理节律来安排作息，绝对不能违反、干扰这种节律。例如，晚上 10 点准时上床入睡；早上 6 点左右起床；7 点进早餐；9 ~ 11 点精力充沛、记忆力强，是你工作或学习的大好时机；12 点进午餐；而下午 1 ~ 3 点体温下降，荷尔蒙水平趋弱，人需要放松，最好午睡半小时；下午 3 ~ 5 点乃是继上午 9 ~ 11 点之后的又一个精力与体力的高峰期；傍晚 6 点左右进晚餐；晚上 7 ~ 9 点的记忆力最佳，是一天中第三个学习或工作的黄金时间段；而晚上 10 点又到该入睡的时候了。如果你反其道而行之，晚上熬夜，中午不睡午觉，三餐不定时，你将整天昏昏沉沉，疲惫不堪。因此，如果你想保持一个健康的身体，就应当养成严格按生物钟规律作息的习惯。

### 3. 坚持合理运动

适量的运动对于一个人的健康必不可少。运动医学专家认为，要想保持持久旺盛的精力，需要经常运动，以增加体能储存，每周散步 4 ~ 5 次，每次 30 ~ 45 分钟，或一星期进行 3 ~ 4 次温和的户外活动，每次 30 分钟，都是必要的。刚开始时，你也许会感到运动后更为疲劳，这正说明你的身体需要调整，坚持一段时间后便会慢慢适应，体能会逐渐增加，抵抗疲劳的能力会得到强化。

### 4. 学会积极休息

积极休息对一个人的身体健康十分重要，也是高效能人士必备的一项重要习惯。

那么，什么叫作积极休息呢？现代科学赋予它的含义是主动休息，即在身体尚未出现疲惫感时就休息。这是一种积极的休息方式，比起累了才休息的被动休息法有着质的进步。科学实验证明，人体持续工作越久或强度越大，疲劳的程度就越重，产生的"疲劳素"就越快、越多，消除的时间也就越长，这正是"累了才休息"的传统休息方式效果差的原因所在。主动休息则不同，不仅可保护身体少受或不受"疲劳素"之害，而且能大幅度提高工作效率，具体可从以下几点做起：

（1）重要活动之前抓紧时间先休息一会儿。如参加考试、竞赛、表演、主持重要会议、长途旅行等之前，应先休息一段时间。

（2）保证每天8小时睡眠，星期天应进行一次"休整"，轻松、愉快地玩玩，为下一周紧张、繁忙的工作打好基础。

（3）做好全天的安排，除了工作、进餐和睡眠以外，还应明确规定一天之内的休息次数、时间与方式，除非不得已，不要随意改变或取消。

（4）重视并认真做好工间休息，充分利用这段短短的时间到室外活动，或做深呼吸，或欣赏音乐，使身心得以放松。

### 5. 主动寻求快乐

过劳不仅是体力不济的表现，失望、焦虑、恐惧、神情沮丧等也可使人精力衰竭，心理性过劳就是如此。成功学大师卡耐基认为防止心理过劳的重要方法就是多笑。他认为笑是最佳的"精神松弛剂"，1分钟大笑能使人全身放松45分钟，男子每天应笑14～17次，女子应笑13～16次。当然，这种笑应是发自内心，自然而坦诚。因此，应多与有幽默感的人接触，多看相声、小品、富有喜剧色彩的影视节目，主动求乐。

# 杜绝坏的生活习惯

## 一、改掉坏习惯你才能成功

美国石油大亨保罗·盖蒂曾经有抽烟的习惯，并且烟瘾很大。

在一次度假中，他开车经过一个地方，由于下雨，他在一个小城的旅馆停了下来。吃过晚饭，疲惫的他很快就进入了梦乡。

凌晨两点钟，盖蒂醒来。他想抽一根烟。打开灯后，他很自然地伸手去抓桌上的烟盒，不料里面却是空的。他下了床，搜寻衣服口袋，一无所获，他又搜索行李，希望能发现他无意中留下的一包烟，结果又失望了。这时候，旅馆的餐厅、酒吧早已关门，他唯一希望得到香烟的办法是穿上衣服，走出去，到几条街外的火车站去买，因为他的汽车停在距旅馆有一段距离的车房里。

越是没有烟，想抽的欲望就越大，有烟瘾的人大概都有这种体验。盖蒂脱下睡衣，穿好了出门的衣服，在伸手去拿雨衣的时候，他突然停住了。他问自己：我这是在干什么？

盖蒂站在那儿寻思，一个所谓有修养的人，而且相当成功的商人，一个自以为有足够理智对别人下命令的人，竟要在三更半夜离开旅馆，冒着大雨走过几条街，仅仅是为了得到一支烟。这是一个什么样的习惯，这个习惯的力量竟如此惊人的强大。

没多一会儿，盖蒂下定了决心，把那个空烟盒揉成一团扔进了纸篓，脱下衣服换上睡衣回到了床上，带着一种解脱甚至是胜利的感觉，几分钟就进入了梦乡。

从此以后，保罗·盖蒂再也没有抽过香烟，当然，他的事业越做越大，成为世界顶尖富豪之一。

烟瘾很大，对任何人来说，都不是一个大的缺点。但保罗·盖蒂却坚持改变，这是因为他意识到了习惯的巨大力量。一位理智、成功的商人居然会为一支香烟六神无主，如果是在休闲时间这倒没什么影响，如果是在谈一笔大买卖，这个习惯则会影响他的判断，进而影响整笔生意的完成。一个人要是沉溺于坏习惯之中，就会不知不觉把自己毁掉。

我们每个人都是习惯的产物，我们的生活和工作都遵循我们自身所养成的习惯。

习惯的力量是巨大的，因为它具有一贯性。它通过不断重复，使人们的行为呈现出难以改变的特定的倾向。就像一句古老的箴言所说的那样："习惯就像一根绳索。每天我们都织进一根丝线，它就会逐渐变得非常坚固，无法断裂，把我们牢牢固定住。"我们每天高达90%的行为是出自习惯的支配。可以说，几乎是每一天，我们所做的每一件事，都是习惯使然。

习惯有好有坏。好的习惯是你的朋友，它会帮助你成功。一位哲人曾经说过："好习惯是一个人在社交场合中所能穿着的最佳服饰。"而坏习惯则是你的敌人，它只会让你难堪、丢丑、添麻烦、损坏健康或者事业失败。奥格·曼狄诺认为："习惯若不是最好的仆人，它便是最坏的主人。"因此，如果你要使自己成为一名高效能人士，就应当杜绝坏的生活习惯。

## 二、用毅力挣脱坏习惯的枷锁

泰莉是美国一家杂志社的编辑，她讲述了她和她的丈夫是怎样挣脱坏习惯枷锁的：

"我丈夫和我都是电视迷，我们下班后的第一件事就是打开电视，在电视机前吃饭，然后一直看到夜深人静。为了看电视，我们和朋友断了联系，也放弃了以前一起看书的好习惯，更不会出去散步。如果有人来拜访我们，我就巴不得他们赶快离开，好让我们继续在电视里的漫游。前几天有个好朋友来家里做客，我发现我们根本就无法和他们就某个问题交谈，我和丈夫已经丧失了思考的能力，傻傻地听别人讲。我们把生命最宝贵的时光放在了电视机前。我沉迷于电视的那段时间，没去过任何地方，没看过任何一本书。

"我决定改变这一切，我告诉丈夫，别人都能够戒掉吸毒的恶习，我为什么不能戒掉没日没夜地沉迷电视的恶习呢。于是我们开始做一做其他的事情，报名参加晚上的成人教育，或者去打羽毛球和保龄球，拜访朋友，我们还去借书回来读给彼此听。我们成功地戒掉了电视瘾，也改善了我们的关系，现在发觉生活有更多的意义，而不只是在电视前傻笑。"

由此可见，戒掉坏习惯是一项长期的工程，需要极大的决心和持之以恒的精神。不以坚强的意志来强迫自己改正，坏习惯是很难去掉的。张学良将军年轻时染上了吸鸦片的习惯。他决意戒除，便把自己关在一间屋子里，吩咐家人和手下人无论听到屋里有什么动静，都不许进来。他的烟瘾犯了，十分痛苦，头直撞床，大声叫唤。屋外的人听见了，怕他出意外，但谁也不敢进去。这样折腾了一天，屋里没动静了。家人进去看时，张学良静静地躺在床上睡着了。经过这样的几次折腾，张学良终于戒除了鸦片瘾。

现代社会经济发展，科技进步，一方面，人们的生活内容更加多样。另一方面，人们承受的压力也在增大。这种情况下，发生在我们生活中的坏习惯也增加了许多"新花样"。比如酗酒和吸烟，已蔓延到一些女性中间。吃得太多太好造成的肥胖，已成为现代社会的大问题。例如，在发达国家美国，据一项统计数字显示，半数美国人超重，三分之一的美国人患了肥胖症。美国西雅图一家渡轮公司曾被要求为他们拥有的所有渡轮更换座椅，这是因为美国人普遍体积增大，原来的座椅已容不下他们的肥臀了。在我们日常工作中，网上聊天也成为很多上班族深陷其中不能自拔的"惯病"。更有一些人沾染了更坏的"惯病"——吸毒、药物滥用、赌博等。这些坏习惯严重地影响了我们的工作和生活，对此，我们需要付出毅力和决心，为挣脱坏习惯而斗争的过程是痛苦的，然而摆脱坏习惯带给我们的结果却是令人愉快的，每一次坏习惯的结束都将伴随一项好习惯的生成，这种好习惯将会给我们的工作生活带来很多的益处，当我们在享受这些好习惯带给我们的益处时，我们就会更主动地远离那些坏习惯了。

### 三、奥森·马登博士的忠告

你可能会说，我也知道有些习惯不好，甚至很坏，我也试着改掉它，但我发现改不掉。

然而，坏习惯真的改不掉吗？美国成功学专家奥森·马登博士曾花了很多年来研究习惯问题，并协助很多人改掉了咬指甲及吮大拇指的坏习惯。这说明了坏习惯是可以克服的。

奥森·马登博士认为："一个人可以改变自己的习惯，当然不像滚动木头那样简单，但是你可以办得到，只要你真心希望这样做。"为此他提出了6条建议：

1. 首先相信你可以改变你的习惯。你对自我控制的能力要有信心，如此才能为你的基本个性带来积极的改变。

2. 彻底了解这些坏习惯对你的身体所造成的不良影响，使你愿意去承受暂时的损失——甚至痛苦——而培养出要求改变的强烈愿望。面对这些可怕的事实：体重过重会使你的重要器官不堪负荷；酒精会破坏你的身体组织；过度工作（这也是一种不好的习惯）可能会使你的死期提早来临，等等。

3. 找出某种令你感到满意的事物，用来暂时安慰自己。因为你在戒除一项长期的习惯之后，必会经历一段痛苦的时期，这时就要找些事物来安慰你。像摄影、园艺或弹钢琴这些嗜好，可能会协助你不抽太多香烟。

4. 发掘将你逼到这种情况的根本原因。你的挫折究竟是什么？你是否低估了自己的价值？为何对自己如此敌视？

5. 认真处理这些问题，调整你的思想，接受你的失败，重新发掘你的胜利。

6.引导你自己迈向积极的习惯，这将使你的生活获益。为你自己制定新的目标。在积极的活动中获得成功的感觉，这将发挥你的能力与热诚。

如果你希望自己成为一名工作业绩出众，家庭生活幸福的高效能人士，就应当迅速改掉那些危害你工作和生活的不良习惯。如果你在改变的过程中发生了动摇，就应当重温一下马登博士的建议。如果你坚持这样做，相信，不久的将来你就会真正地成为一名摆脱坏习惯困扰的高效能人士。

# 释放自己的忧虑

孤独和忧虑是现代人的通病。在纷繁复杂的现代社会，只有保持内心平静的人，才能保证身体健康和高效能地工作。曾经获得诺贝尔医学奖的亚历克西斯·戈博尔博士说："不知道如何抗拒忧虑的商人都会短命而死。当然他们更谈不上高效能工作了。"

能接受既成事实，是克服随之而来的任何忧虑的第一步。能接受最坏的情况，就可以让我们在心理上发挥出新的效能。

## 一、现代人消除忧虑的万能公式

为了消除忧虑，威利斯·卡瑞尔发明了一个快速高效的解决忧虑的万能公式。

威利斯·卡瑞尔是一个很聪明的工程师，他开创了空气调节器的制造业，是位于纽约州塞瑞库斯市的世界闻名的卡瑞尔公司负责人。卡瑞尔先生克服忧虑的方法是年轻的时候在纽约州巴佛罗制造公司工作时发现的。卡瑞尔在回顾自己如何克服忧虑时这样说道：

年轻的时候，我在纽约州巴佛罗制造公司工作。我必须到密苏里州水晶城的匹兹堡玻璃公司的一座花费好几百万美元建造的工厂去安装一架瓦斯清洁机，以清除影响瓦斯燃烧的杂质，使瓦斯燃烧时不会伤到引擎。这种瓦斯清洁方法是一种新的尝试，以前只试过一次——而且当时的情况很不相同。我到密苏里州水晶城工作的时候，很多事先没有想到的困难都发生了。经过一番调整之后，机器可以使用了，可是效果并不像我们所保证的那样。

我对自己的失败非常吃惊，觉得好像是有人在我头上重重地打了一拳。我的胃和整个肚子都开始扭痛起来。有好一阵子，我担忧得简直无法入睡。

最后，出于一种常识，我想忧虑并不能够解决问题，于是便想出一个不需要忧虑就可以解决问题的办法，结果非常有效。我这个抵抗忧虑的办法已经使用30多年了。这个办法非常简单，任何人都可以使用。这一方法共有3个步骤：

第一步，首先毫不害怕而诚恳地分析整个情况，然后找出万一失败后可能发生的最坏情况是什么。没有人会把我关起来，或者把我枪毙，这一点说得很准。不错，很可能我会丢掉工作，也可能我的老板会把整个机器拆掉，使投下去的2万美元泡汤。

第二步，找出可能发生的最坏情况之后，让自己在必要的时候能够接受它。我对自己说：这次失败，在我的记录上会是一个很大的污点，我可能会因此而丢掉工作。但即使真是如此，我还是可以另外找到一份差事。事情可能比这更糟。至于我的那些老板——他们也知道我们现在是在试验一种清除瓦斯杂质的新方法，如果这种实验要花他们2万美元，他们还付得起。他们可以把这个账算在研发费上，因为这只是一种实验。

发现可能发生的最坏情况，并让自己能够接受之后，有一件非常重要的事情发生了。我马上轻松下来，感受到几天以来所没有经历过的一份平静。

第三步，接下来，我就平静地把我的时间和精力，拿来试着改善我在心理上已经接受的那种最坏情况。

我努力找出一些办法，让我减少我们目前面临的2万美元损失。我做了几次试验，最后发现，如果我们再多花5 000美元，加装一些设备，我们的问题就可以解决了。我们按照这个办法去做，公司不但不会损失2万美元，反而可以赚1.5万美元。

如果当时我一直担心下去的话，恐怕再也不可能做到这一点。因为忧虑的最大坏处就是摧毁我集中精神的能力。一旦忧虑产生，我们的思想就会到处乱转，从而丧失作出决定的能力。然而，当我们强迫自己面对最坏的情况，并且在精神上先接受它之后，我们就能够衡量所有可能的情形，使我们处在一个可以集中精力解决问题的地位。

我刚才所说的这件事，发生在很多很多年以前，因为这种做法非常好，我就一直使用。结果呢，我的生活里几乎不再有烦恼了。

卡瑞尔的奇妙公式之所以有这么神奇的作用，主要原因是因为它击中了解决忧虑问题的"靶心"。从心理学上来讲，它能够把我们从那个巨大的灰色云层里拉下来，让我们不再因为忧虑而盲目探索。它可以让我们接受最坏的情况，这样我们就可以使自己着手解决问题。

## 二、向别人讲出你的"忧虑"

释放忧虑的第二个关键点就是向别人讲出你的忧虑。就某方面来说，心理分析就是以语言的治疗功能为基础。从弗洛伊德的时代开始，心理分析家就知道，只要一个病人能够说话——单单只要说出来，就能够解除他心中的忧虑。

1931年，普鲁特拉博士——他曾是威廉·奥斯勒爵士的学生——注意到，有很多来波士顿医院求医的人，生理上根本没有毛病，可是他们却认为自己有某种病的症状。有一个女人的两只手，因为"关节炎"而完全无法使用，另外一个则因为"胃溃疡"的症状而痛苦不堪。其他有背痛的、头痛的，常年感到疲倦或疼痛。他们真的能够感觉到这些痛苦，可是经过最彻底的医学检查之后，却发现这些女人没有任何生理上的疾病。很多老医生都会说，这完全是出于心理因素——"只是病在她的脑子里"。

因此，普鲁特拉博士建议当我们碰到一些情绪上的忧虑时，应当找一个人好好谈一谈。当然这并不是说，随便到哪里抓一个人，就把我们心里所有的苦水和牢骚说给他听。我们要找一个能够信任的人，跟他约好一个时间，例如，你可以找一位亲戚、一位医生、一位律师、一位知心老友，然后对那个人说："我希望得到你的忠告。我有个问题，我希望你能听我谈一谈，你也许可以给我一点忠告。也许旁观者清，你可以看到我自己所看不见的角度。可是即使你不能做到这一点，只要你坐在那里听我谈谈这件事情，也等于帮了我很大的忙。"

把心事说出来，这是波士顿医院所安排的课程中最主要的治疗方法。实际上，我们在家里也可以做到这些事情。

### 三、假装快乐，你就可以快乐

当我们在做一些有兴趣也很令人兴奋的事情时，很少会感到疲劳。因此，克服疲劳和烦闷的一个重要方法就假装自己已经很快乐。如果你"假装"对工作有兴趣，一点点假装就可以使你的兴趣成真，也可以减少你的疲劳、紧张和忧虑。这里以一个叫艾丽丝的打字员可以为例。

有天晚上，艾丽丝回到家里，觉得精疲力竭，一副疲倦不堪的样子。她也的确感到非常疲劳，头痛，背也痛，疲倦得不想吃饭就要上床睡觉。她的母亲再三地求她……她才坐在饭桌上。电话铃响了，是她男朋友打来的，请她出去跳舞，她的眼睛亮了起来，精神也来了，她冲上楼，穿上她那件天蓝色的洋装，一直跳舞到半夜3点钟。最后等她终于回到家里的时候，却一点也不疲倦，事实上，她还兴奋得睡不着觉呢!

在8个小时以前，艾丽丝的外表和动作，看起来都精疲力竭的时候，她是否真的那么疲劳呢? 的确，她之所以觉得疲劳是因为她觉得工作使她感到很烦，甚至对她的生活都觉得很烦。世界上不知道有几千几百万像艾丽丝这样的人，你也许就是其中之一。

一个人由于心理因素的影响，通常比体力劳动更容易觉得疲劳，这已经是一个大家都知道的事实了。约瑟夫·巴马克博士曾在《心理学学报》上发表过一篇报告，谈到他的一些实验，证明了烦闷会产生疲劳。巴马克博士让一大群学生做了一连串的实验，他知道这些实验都是他们没有什么兴趣做的。其结果呢? 所有的学生都觉得很疲倦、打瞌睡、头痛、眼睛疲劳、很容易发脾气，甚至还有几个人觉得胃很不舒服。所有这些是否都是"想象来的"呢? 不是的，这些学生做过新陈代谢的实验，由实验的结果知道，一个人感觉烦闷的时候，他身体的血压和氧化作用，实际上真的会降低。而一旦这个人觉得他的工作有趣的时候，整个新陈代谢作用就会立刻加速。

心理学家布勒认为，造成一个人疲劳感的主要原因是心理上的烦恼。加拿大明尼那不列斯农工储蓄银行的总裁金曼先生对此是深有体会。在1943年的7月，加拿大政府要求加拿大阿尔卑斯登山俱乐部协助威尔斯军团做登山训练，金曼先生就是被选来训练这些士兵的教练之一。他和其他的教练——那些人从42岁到59

岁不等——带着那些年轻的士兵,长途跋涉过很多的冰河和雪地,再用绳索和一些很小的登山设备爬上40英尺高的悬崖。他们在小月河山谷里爬上副总统峰和其他很多没有名字的山峰,经过15个小时的登山活动之后,那些非常健壮的年轻人,都完全精疲力竭了。

他们感到疲劳,是否因为他们在军事训练时,肌肉没有训练得很结实呢?任何一个接受过严格军事训练的人对这种荒谬的问题都一定会嗤之以鼻。不是的,他们之所以会这样精疲力竭,因为他们对登山觉得很烦。他们中很多人疲倦得不等到吃过晚饭就睡着了。可是那些教练们——那些年岁比士兵要大两三倍的人是否疲倦呢?不错,他们也疲倦,可是不会精疲力竭。那些教练们吃过晚饭后,还坐在那里聊了几个钟点,谈他们这一天的事情。他们之所以不会疲倦到精疲力竭的地步,是因为他们对这件事情感兴趣。

耶鲁大学的杜拉克博士在主持一些有关疲劳的实验时,用那些年轻人经常保持感兴趣的方法,使他们维持清醒差不多达一星期之久。在经过很多次的调查之后,杜拉克博士表示"工作效能降低的唯一真正原因就是烦闷"。

因此,对于一名高效能人士而言,经常保持内心愉悦是抵抗疲劳和忧虑的最佳良方。在这里,请记住布勒博士的话:"务必保持轻松的心态,我们的疲劳通常不是由于工作,而是由于忧虑、紧张和不快造成的。"

↑

# 合理应对压力

## 一、有效控制压力的 5 种方法

### 1. 倒数

倒数是一种常见的放松方法，它的做法如下：

闭上眼睛，放松了肌肉后，再开始从 10 往后数到 1。

倒数时，想象自己正在下降——在一个下降的电梯里，正在下楼梯，或是从云端下降。

下降时，想象每一个你数的数。

每数几个数字，就要暗示自己："我正在放松。当我数到零时，我将完全放松。"

按自己的节奏进行。按自己所感觉的放松节奏下降。

到达最低点时，想象一片平静、优美的景色。这就是你所想到的地方。

经过练习，应当减少倒数的数字，也许可以从 5 数到 0。有些人甚至可以减少到 3 个数字。

### 2. 冥想

上面介绍的倒数是一种浅层次的放松状态，这里我们为你提供一种深层次的冥想放松方式，这种方式在东方宗教里已经沿用了几千年，而且被证明是行之有效的。事实上，冥想对于减缓压力有百益而无一害。

使用前面的放松方式使自己放松。

关注你的呼吸。呼吸时，平静地重复一个词或是短语（比如"啊"或"平静"）。

当其他思想涌入脑中时，镇静地将它们赶走，并回到你重复的词上来。

开始从 10 或 15 往回数；在更加熟练后，你可能会希望延长自己的冥想。

通过几星期的练习后，大部分人都说他们在冥想后不但感到更放松，而且对压力的反应也更为冷静。

但是，冥想并不适用于每个人。有些人只需要睡会儿觉就可以做到。其他人则把自己限制得很死，因为他们不懂休息的艺术。如果你也这样，那么你在想象方面会更成功，它的功效仍然是使人平静，却不用极力使大脑保持空明，而是在脑中想象使人放松的图片或画面。

3. 运用 NLP

这个技巧除了消除压力、帮助睡眠或休息外，也能够用来处理几乎任何问题。它是一个自我催眠技巧，即运用"喻象"（国内常称之为"观赏"或"自我暗示"）与潜意识沟通，引导潜意识去推动身体的各个系统做出改善的效果。辅导者也可以遵照技巧指示用说话引导受导者做出效果。

这个技巧没有副作用或不良效果，成功率很高。一次运用，可以同时处理多个问题。若无效果，多是因为以下的3个原因：

（1）使用者对技巧或者辅导者的抗拒；

（2）使用者未能放松便开始进行。若此，可重新开始，先做三个深呼吸，做时把注意力放在体内的感觉上；

（3）使用者有强烈的"我没资格"身份信念。若此，可先与潜意识沟通，邀请它的合作再开始技巧的进行。

这个技巧需要受导者大量使用内感官，尤其是内视觉，和"象征实物化"的能力（即是用事物去象征问题——例如握拳象征收紧，张手象征放松；把不明确的问题变成实在的东西——例如身体各部分像半透明的水箱、引起肌肉酸痛的东西像铁块等）。内视觉弱的使用者或许会需要多点时间，可以多用点内听觉和内感觉的元素。

技巧开始时，想象本人像一具呈半透明的人体模型，身体里面的器官和系统，运作良好的组织和结构，都是接近透明的，构成多个水箱般的单位。不好的东西，例如做成紧张、疼痛、发炎、溃疡、脓肿的东西，都有颜色，把它们的干扰，都想象成好像污水的液体，储存在那些水箱里。

这个技巧，前后要经过三次由头到脚的全身处理。每一次都应按照以下的次序（每一个部位就是一个水箱）：

脑→头的其他部分→颈部→双肩→双手臂→双前臂→双手掌→双手的手指（由拇指到尾指）→胸部→胃部→腹部→背的上半部→背的下半部→双大腿→双膝→双小腿→双脚板→双脚

的脚趾（由拇趾到尾趾）。

第一次：清除污水

想象全身都有污水，里面充满让你感到疲劳、紧张、辛苦、压力、酸痛及其他负面感觉的东西。现在，由头到脚，按上面的次序，想象每个部分的水箱开始把污水排走，看着水位渐渐下降。身体哪些部分有不适，运用象征实物化，想象造成那份不适的是粒状或粉状的东西，附在不适的部分。它们现在开始剥落，掉在污水里一同排走。当全身的污水排去后，可检查一次，若有残余的污水，可想象放入一些清水把它带走。

第二次：增添能量

这一次是把有用的能量加进身体，帮助身体处理问题。正面的能量基本上都是白色的，像牛奶，称之为能量牛奶。特别重要的东西，例如平静、勇气、注意力、放松等，可以让受导者挑选最能代表的物品加入能量牛奶里面（例如黄瓜代表冷静，就想象把黄瓜粒加进牛奶里面混合）。

准备好能量牛奶，便想象在受导者头顶上有一个很大的容器，装满了能量牛奶，开始从头顶灌进身体，首先是脑，然后是头的其他部分，按前述的次序注入全身。特别需要照顾的部分，可想象凝聚在那些部分的能量牛奶，有 3 倍浓度。

第三次：处理问题

逐一把身体的问题处理，想象那些能量牛奶把问题改善："象征实物化"了的问题形状，由于有能量牛奶的帮助，渐渐变成问题解决了的形状（例如发炎部分本来是深红色，慢慢变成红色、再变成粉红、最后变成正常的颜色；同时发炎部分有肿胀现象，也慢慢消除了）。重复多次问题改善的过程，然后转入下一个问题的处理。

若是睡眠的问题，除了在能量牛奶里面加上"睡眠剂"外，还可另外做一次全身扫描：想象用"松弛激光线"从头顶开始往下反复照射，一层一层地把身体里的肌肉放松。需要特别放松的地方，更可重复照射多次。

做完这个技巧后最好有 20 分钟的休息，让潜意识把效果更好地在身体里落实下来。长期失眠者每晚这样做，每次 20 分钟，只要保持平静，不出一周便有基本和长久的效果。

4. 生物反馈法

专家们在探求控制压力方法的过程中发现，生物反馈法非常有用，尤其是当人们对这些技巧产生兴趣时。人们可以在医院或专家指导下参加生物反馈法的培训，也可以尝试在家庭中训练（例如，可以买一些设备来自己测量血压）。

生物反馈系统通过电子传感器来测量人体内的压力，并将结果反馈给人们。这些结果可以反映在图形上，也可以反映在声和光上。生物反馈法会使人的减压技能得到检验，并使人们切实地感觉到其效果。

对想象、遐想和冥想这样一些难以定性的放松方式感到不舒服的人来说，生物反馈法尤其有用。这种方法将模糊的感觉转化为具体、可见的信息，能帮助人们形象地运用这些压力处理技能。对因遇到压力引发的高血压、焦虑和偏头痛等症状，这种方法的作用就更加明显了。

（1）技术性问题。生物反馈法基本上是这样工作的：当一个人站在一台机器上时，机器会检测他的无意识活动（如血压、体温、肌肉的紧张度、汗、脑波或胃酸等）。

当人们进行一些放松练习时，能够通过光、指针或类似的指示器从机器上获得关于身体状态的信息反馈（这也是生物反馈法这一名字的由来）。

在人们做完这些练习后，能够学会将自己的感觉与体内的过程联系起来。例如，当血压升高时，人们就会知道自己身体的感觉。

多次练习后（这个方法只对那些坚持不懈的人有用），人们能够学会利用各种方法降低自己的血压。

（2）生物反馈法是如何发挥作用的。皮肤温度测量：当人们遭遇压力时，其肾上腺激素会促使血液从体表流向身体内部，从而使人们进入一种"战斗或逃跑"的准备状态。随着皮肤表面血液的减少，人体皮肤的温度也将随之降低。

皮肤的静电反应：当人们遭遇压力时，汗液会增多。湿润的皮肤比干燥的皮肤更易导电。生物反馈法通过测量正负电极间传导的电量来判定压力的程度。

血压：当人们遭遇压力时，血压会升高。因为有很多人在表面症状毫无压力的情况下血压增高，所以对于那些想降低血压的人，生物反馈法会非常有用。

5. 呼吸调节法

虽然人人都在不停地呼吸，都知道呼吸对于维持生命的必要性，但却不一定知道某些特定的呼吸方法还有解除精神紧张、压抑、焦虑、急躁和疲劳的功效。通过一段时间的练习，掌握一些基本方法，就可能运用呼吸进行自我心理调节。

下面这些练习可以先做普遍的尝试，然后从中选择几种对自己最为有益的方法，经常练习。

（1）深呼吸练习

这个练习可以采用站式、坐式或卧式。最好用卧式：平躺在地毯或床垫上，两肘弯曲，两脚分开20～30厘米，脚趾稍向外，背躺着。对全身紧张区域逐一扫描。将一手置于腹部，一手置于胸上，用鼻子慢慢地吸气，进入腹部，置于腹部的手随之舒适地升起。然后微笑着用鼻子吸气，用嘴呼气，呼气时轻轻地松弛地发"呵"声，好像在轻轻地将风吹出去，使嘴、舌、腭感到松弛。作深长缓慢的呼吸时，体会腹部的上下起伏，注意体会呼吸声越来越细微的感觉。

这个练习每天须做1～2次，每次5～10分钟，1～2周后可以将练习时间延长至20分钟。

（2）叹气练习

人在白天有时会叹气或打哈欠，这是氧气不足的征兆。叹气、打哈欠是机体补充氧气的方式，也能减少紧张，因此可以作为松弛的手段来练习。

站立或坐着长长地叹一口气，让空气从肺部跑出去。不要想到吸气，让空气自然地进入。重复8～12次，体验一下松弛感。

（3）充分自然式呼吸练习

健康的婴儿或原始人采用充分的、自然式呼吸，文明时代的人喜欢穿紧身服装，过着紧张的生活，已经没有这种呼吸习惯。下面的练习可帮助我们恢复充分而自然的呼吸：

坐好或站好，用鼻子呼吸。吸气时，先将空气吸到肺的下部，此时横膈膜将腹部推起，为空气留出空间；当下肋和胸腔渐渐向上升起，使空气充满肺的中部；最后慢慢地使空气进入肺的上部。全部吸气过程需时2秒，要有连续性。屏住气，约几秒钟。慢慢地呼气，使腹部向内缩一下，并慢慢地向上提。气完全呼出后，放松胸部和腹部。吸气之末可以抬一下双肩或锁骨，使肺顶部充满新鲜空气。

（4）拍打练习

这个练习可以使人清醒，变紧张为松弛。

直立，两手侧垂，慢慢吸气时，用手指尖轻轻拍打胸部各个部位。吸足并屏住气后改用手掌对胸部各部位依次拍打。吸气时嘴唇如含麦秆，用适中的力一点一点间歇地吐气。重复练习，直到感到舒服。同时可将拍打部位移到手所能及的身体其他部位。

（5）充分自然呼吸加想象

这个练习将充分自然式呼吸的松弛效果与肯定性自我暗示的效果结合在一起。

取练习（1）那样的平卧姿势，两手轻轻放在太阳丛部位（上腹部肋尖处），做几分钟充分自然式呼吸。随着每一次吸气，想象能量进入肺部，并立即储存于太阳丛处。想象随着每次呼气，能量流到身体的各部分。在心理上形成能量在这样不断流动的图景。

这种练习，每天至少一次，一次 5 ~ 10 分钟。然后进行以下两种变式练习。第一种：一手放在太阳丛，另一手放到受伤或紧张的部位。当你吸气时，想象能量是由肺储存于太阳丛处，当你呼气时，想象能量流到那个需调理的部位，吸入更多的气；呼气时想象能量驱除了病痛与紧张。第二种变式与第一种基本相同，只是呼气时想象是你指导能量在驱除病变和紧张部位。

$$\uparrow$$

## 掌握工作与生活的平衡

类似的例子有很多。台湾著名的企业领袖宏碁董事长施振荣经常在打球后感到眩晕，需要平躺休息才能恢复，但在很长的时间里，他竟然从未想到过自己可能得了心脏病，直到被迫去做了运动检查，才恍然大悟。2004 年 7 月，曾被誉为"胆大包天"第一人的均瑶集团董事长王均瑶，因患肠癌医治无效，在上海逝世，年仅 38 岁。这则消息迅速传遍了全国各地。这些人在自己事业一帆风顺的时候却因过度劳累而失去生命，究其原因，就是没有平衡好工作与生活之间的关系。只知道一味地追求工作，结果损害了自己的健康。

真正的高效能人士都不是工作狂，他们善于掌握工作与生活的平衡。工作压力会给我们的工作带来种种不良的影响，形成工作狂或者完美主义等错误的工作习惯，这会大大地降低一个人的工作绩效。

## 一、把握生活目的

　　压力给我们的工作带来种种不良影响，严重的甚至会带来一些精神上的疾病，工作狂和完美主义者不等于最佳工作者，甚至说，工作狂往往是那些最差劲的工作者。一个高效能人士是不会成为工作狂的。

　　据调查，一般工人的生活是不平衡的，从商者尤其如此。许多白领一星期工作的时间超过常规的 40 小时。经常拼命工作的人就是工作狂，过度追求尽善尽美、强迫自己、迷恋工作是工作狂的心理特征。一个高效能人士应当善于把握工作与生活的平衡，处理好工作压力与享受生活之间的矛盾。读恐怖小说、在花园中工作、躺在吊床上做白日梦，都可以提高工作效率。

　　工作不是生活的唯一目的，如果你想成为不为工作所苦的人，不妨试着少点工作，多点游戏。生活中一定数量的休闲能够增加你的财富，当然，这里主要是精神上的财富。如果你在休闲上花更多的时间，或许你最终也会增加经济收入。

　　在休闲时间中培养更多的兴趣爱好有许多好处。工作之余的兴趣爱好有助于你在工作中有所创新。当你追求休闲生活时，你的精神会从跟工作有关的问题中解脱出来，从而得到休息。

　　你会因此关注工作以外的事情，会变得更富有创造力，能给企业提供一些有创造性的新点子。很多最有创造性的成就往往是在走神或胡思乱想中产生的。

## 二、用好身体的"节奏"

汤米睁开了眼睛，才不过清晨 5 点钟，他便已精神饱满，充满干劲。另一边，他的太太却把被盖拉高，将面孔埋在枕头底下。

汤米说："过去 15 年来，我们俩几乎没有同时起过床。"

像汤米夫妇这样的情况，并非少见。

我们的身体像时钟那样复杂地运转，而且每个人的运转速度也像时钟那样彼此略有不同。汤米是个上午型的人，而他的太太则要到入夜后才精神最好。一位大学赛船冠军队队长曾说过："我们的教练常常提醒队员说：'要想赢就得慢慢地划桨。'如果划桨的速度太快的话，就会破坏船队的节拍，一搅乱节拍，再恢复正确的速度就很难了。"同样，我们要做好工作与生活的协调，就要注意用好自身的节奏。

很久以来，行为学家一直认为人体生物钟方面的差异主要是个人的怪癖或早年养成的习惯。直到 20 世纪 50 年代后期，医生兼生物学家赫森提出了一项称为"时间生物学"的理论，此一见解才受到挑战。赫森医生在哈佛大学实验室中发现某些血细胞的数目并非整天一样，视它们从体内抽出的时间不同而定，但这些变化是可以预测的。细胞的数目会在一天中的某个时间比较高。而在 12 小时之后则比较低。他还发现心脏、新陈代谢率和体温等也有同样的规律。

赫森的解释是，我们体内的各个系统并非永远稳定而无变化地运作，而是有一个大约的周期。有时会加速，有时会减慢。我们每天只有一段有限的时间是处于效率巅峰状态。

赫森把这些身体节奏称为"生理节奏"。

时间生物学的研究工作，现在主要由美国太空总署主持。罗杰斯就是该署的一位研究生理学的专家，也是一位生理节奏学权威，据他说，在大多数太空穿梭飞行中，制订太空人的工作程序表时都应用了生理节奏的原理。

这项太空时代的研究工作有许多成果可以在地球上采用。例如，时间生物学家可以告诉你，什么时候进食可以使体重不增反减，一天中哪段时间你最有能力应付最艰苦的挑战，什么时候你忍受疼痛的能力最强而适宜去看牙医，什么时候做运动可以收到最好的效果。罗杰斯说："人生效率的一项生物学法则是：要想事半功倍，则必须将你的活动要求和你的生物能力配合。"

你可以利用生理节奏规律来帮助你。但是，你首先必须知道如何去辨认它们。罗杰斯和他的同事们已研究出以下这套方法，可以帮助你测定自己的身体规律：

早上起床之后一小时，量一量你的体温，然后每隔4小时再量一次，把最后一次测量时间尽量安排在靠近上床时间。当一天结束时，你应该得到5个体温度数。

每个人的变化不同而结果亦异。通过测量，可以得知你的体温在什么时候开始升高，在什么时候到达最高点，什么时候降至最低点。你一旦熟悉了自己的生理节奏规律之后，便可以利用它来增进健康和提高工作效率。

我们的生理节奏到达最高峰的时候，做体力工作便会得到最佳的成绩。对大多数人来说，这个最高峰大约能够持续4小时。因此，你应该把花费气力的活动安排在体温最高的时候进行。

至于从事脑力活动的人，时间表则比较复杂。要求准确性的任务，例如教学工作，最好是在体温正向上升的时候去做。大多数人体温上升时间是在早上8点或9点，对比之下，阅读和思考则在下午2点至4点进行比较适宜，一般人的体温在这段时间会开始下降。

## 三、从容不迫地面对工作

知名的成功学专家卡耐基先生认为，成功的最好方法就是以从容不迫的心境完成任何事。梅吉是卡耐基先生的一位朋友，他是棒球队的监督，他曾说："不论选手的打击率多高、守备多强、跑垒速度多快，如果他心中存有过于强烈的责任感，我都会考虑淘汰他。因为，若要成为大联盟的选手，本身必须有相当的能耐，每一个动作不但要正确，更要以从容轻松的心情控制肌肉的运转，这样所有的肌肉与细胞才会富有韵律与弹性，而在瞬间而发的关键时刻，才可以随心所欲地接球或挥棒。如果心里非常紧张、无法镇定下来，连带着全身的肌肉也随之绷紧，一旦遇到重大的场面，根本无法顺利地完成应有的动作。当对方的球抛过来时，你的全身神经为之紧缩，又怎能打好棒球呢？"

梅吉先生讲述了他以前和自己教练之间的一件事情：

"兰基先生（伟大的棒球选手）在世界棒球锦标赛中，曾一口气打中4支全垒打，目前他仍然是世界纪录保持者，后来他把那只伟大的球棒送给了我的教练。有一天，我有幸拿起这只球棒，并以很敬畏的心情摆出正式球赛挥棒的姿态，但那种打击的样子绝对无法与兰基相提并论。

"这时，我的教练语重心长地对我说：'梅吉，兰基并不是以这种样子打球的，你太紧张了，一心想打出全垒打的姿势，结果一定是遭到三振出局的命运。'的确，我曾有幸亲见兰基上场挥棒的姿势，真是美不胜收，他的人与球棒自然地结合为一体，以充满韵律的动作，轻松自如地上场，他完全清楚放松自己的道理。"

各种事业成功的道理也是如此，我们若仔细分析那些做事效率很高的人，就不难发现，他们都是以最积极从容的心情进行工作，这样看似悠闲，实则是离目标更近了。

乔治是一家会计师事务所的职员，有一天早上，他手上握着刚从纽约事务所发来的信函，正想走下佛罗里达饭店的阳台，无疑，阳光灿烂的假期已经泡汤了，接下来该是非常忙碌的工作时刻。心头一急，只想赶快进入状态，匆忙地走着。此时，一位压低帽檐、舒服地躺在摇椅上的朋友，一眼瞧见了慌乱疾走的他，就以佐治亚州特有的南部柔软腔调喊道："先生，你想赶往哪里呀？身浴着佛罗里达亮丽阳光的你，不该还是如此急躁不安，来！坐坐摇椅，咱们一起完成伟大的艺术吧！"

"究竟是什么？请你告诉我，我真的不晓得你是从事哪种艺术的。"乔治不由得放慢了脚步，压低声音问。

"没什么，"他安详无事地回答，"只是想与你共享正在消失的艺术呀！如今大多数的人都已忘了它是什么了。"

"我在做日光浴艺术，闲坐此处，让慈爱温情的阳光抚慰身心，一丝丝地渗透我的灵魂，请问你曾想过'太阳'吗？"他笑答道。

接着，他继续说道："太阳是那样暖和从容，悄悄地照耀着大地，它不按电铃，也不打电话，只是无声无息地亲吻着大地。想想它一小时的工作量，就远超过你我一生的工作量，太阳实在是太伟大了！花开草盛树茂，大地一片欣欣向荣，干旱时降下甘霖滋润大地，使人间充满生机与和平。"

"我发现每当我沉醉于日光浴中，太阳就会慢慢渗透我的身体的每一部分，抚平、安定一切，并施予无穷的能量，所以我禁不住爱上了日光浴——老兄，把那邮件的事丢在脑后，在我身旁坐一下吧。"乔治依言坐下了，让和煦的太阳光芒晒暖全身，而后回到房间开始处理那邮件，出乎意料地竟然一下子就完成了。

确实，也有些人是终日无所事事地曝晒于日光之下的，我觉得这并非最好的方式。一方面享受，另一方面冥想四方，有了这种积极的心态，不但可以帮助恢复体力，更会带来向上奋斗的力量，主动地创造事业与人生。

面对竞争日趋激烈的现代社会，我们需要减缓生活的步调，抚平内心的焦虑，从容不迫地面对工作中的挑战。

通用电气公司的总裁杰克·韦尔奇在这方面的做法十分值得我们借鉴。多年以来，他回忆起自己同妻子在森林中的漫步仍是兴趣盎然：

有一个夏天的下午，我与妻子到森林中游玩，我们到优美的墨享客湖山的小房里休息，房子位于海拔2 500米的山腰上，是美国最美的自然公园。

在公园的中央还有宝石般的翠湖舒展于森林之中。墨享客原就是"天空中的翠湖"。在几万年前地层大变动的时期，造成了高耸的断崖。

我的眼光穿过森林及雄壮的崖岬，转移到丘陵之间的山石，刹那间光芒闪烁、千古不移的大峡谷，猛然间照亮了我的心灵，这些美丽的森林与沟溪就成为滚滚红尘的避难所。

那天下午，夏日混合着骤雨与阳光，乍晴乍雨，我们全身淋透了，衣服贴着身体，心里开始有些不愉快，但是我们仍彼此交谈着。慢慢的，整个心灵被雨水洗净，冰凉的雨水轻吻着脸颊，瞬时引起从未有过的新鲜快感，而亮丽的阳光也逐渐晒干了我们的衣服，话语飞舞于树与树之间，谈着谈着，静默来到了我们之间。

我们用心感受着四方的宁静。确实，森林绝对不是死寂的，在那里有千千万万的生物在运动着，大自然张开慈爱的双手孕育生命，但是它的动作却是如此的和谐平静，永远听不到刺耳的喧嚣。

在这个美丽的下午，大自然用慈母般的双手熨平了我们心灵上的焦虑、紧张，一切都归于平和。

# 第六章

# 时间思维

每天多出一小时的时间管理秘诀

# 注重准备工作

拿破仑·希尔说过，一个善于做准备的人，是距离成功最近的人。一个缺乏准备的人一定是一个差错不断的人，纵然有超强的能力、千载难逢的机会，也不能保证获得成功，这样的人自然无法成为一名高效能的人士。

第二次世界大战期间，具有决定性意义的诺曼底登陆是非常成功的。为什么那么成功呢？原来美英联军在登陆之前做了充分的准备。他们演练了很多次，他们不断演练登陆的方向、地点、时间以及一切登陆需要做的事情。最后真正登陆的时候，他们已经胜券在握，登陆的时间与计划的时间只相差几秒钟。这就是准备的力量。

机会对每个人来说都是公平的，但它更垂青于有准备的人。因为机会的资源是有限的，给一个没有准备的人是在浪费资源，而给一个准备工作做得非常好的人则是在合理利用资源和增加资源。

阿尔伯特·哈伯德说过，一个缺乏准备的人一定是一个差错不断的人，因为没有准备的行动只能使一切陷入无序，最终面临失败的局面。

飞人迈克尔·乔丹是美国篮坛有史以来最顶尖的球员，被称为篮球之神。他具备所有成为篮球之王的特质和条件，他打任何一场篮球比赛，胜算都是很高的。但是，他在参加任何一场重要的赛事之前，都会积极准备，练习投篮，练习基本动作。他是球队练习最刻苦的人，他是准备工作做得最充分的人。

重量级拳王吉尼·吐尼一生获得过无数的荣誉，也面对过无数个强敌。有一回他要和杰克·丹塞对决，杰克·丹塞是个强劲的对手。他知道如果被丹塞击中，一定会伤得很重，一个受重伤的拳击手短时间内是很难反败为胜的。于是，他开始做准备工作，他要加紧训练，他最重要的训练项目就是后退跑步。

一场著名的拳赛过后，证明吐尼的策略是对的。第一回合吐尼被击倒之后，然后爬起来，尽量后退以避开对手，直拖到第一回合终了。等到第二回合，他的神智和体力都充分恢复之后，他奋力把丹塞击倒在地，获得了最后的胜利。

吐尼的胜利归功于他在事前做了最坏的打算。在实际生活中，我们每天都在面对各种各样的困难，既然我们不能预知我们的际遇，我们只好调整自己的心态，随时准备好去应付最坏的状况。

# 一、机会来自充分的准备

良好的机会都要主动地去创造，如果你天真地相信好机会在别的地方等着你，或者会自动找上门来，那么你是极其愚昧的，也注定会走向失败。

提到可口可乐，你自然就会想到它那设计独特的瓶子，看着优美，拿着舒服，但你一定不知道这种瓶子是谁发明的吧?

这种瓶子是几十年前一位叫鲁特的美国年轻人设计发明的。鲁特当时只是一名普通的工厂制瓶工人，他常常和自己心爱的女友约会。

一次他与女友约会时，发现她穿着的一条裙子十分优美，因为裙子膝盖上部分较窄，腰部就显得更有吸引力了，他看呆了。他想，如果能把玻璃瓶设计成女友裙子那样，一定会大受欢迎。

鲁特并不只是想想罢了，他开始动手设计制作这样的瓶子。于是，他经过反复试验和改进，终于制成了一种造型独特的瓶子：握在瓶颈上时，没有滑落的感觉；瓶子里面装满液体，看起来也比实际的分量多，而且外观别致优美。

他相信这样的瓶子会很有市场，于是为此申请了设计专利。果然，当时可口可乐公司恰好看中他设计出来的瓶子，以600万美元买下了瓶子的专利。鲁特也因此从一个穷工人摇身一变成了一个百万富翁。

鲁特并不是设计专家，他只是一个干着劳累工作的工人，要想成功，他必须做好抓住机会的准备。或许他可以只是随便想想女友的美妙身材，而不用真的去投入设计和制作那种瓶子，如果那样的话，他就没有机会被可口可乐公司看中。总之，成功总是眷顾像鲁特一样有准备的人。

## 二、准备赢得高效

现实生活中，那些做事高效的人往往是那些准备工作做得十分充分的人。阿尔伯特·哈伯德有一个富足的家庭，但他还是想创立自己的事业，因此他很早就开始了有意识的准备。他明白像他这样的年轻人，最缺乏的是知识和必备的经验。因而，他有选择地学习一些相关的专业知识，充分利用时间，甚至在他外出工作时，也总会带上一本书，在等候电车时一边看一边背诵。他一直保持着这个习惯，这使他受益匪浅。后来，他有机会进入哈佛大学，开始了一些系统理论课程的学习。

阿尔伯特·哈伯德对欧洲市场做了一番详细的考察，随后，他开始积极筹备自己的出版社。他请教了专门的咨询公司，调查了出版市场，尤其从从事出版行业的普兰特先生那里得到了许多积极的建议。这样，一家新的出版社——罗依科罗斯特出版社诞生了。由于事先的准备工作做得充分，出版社经营得十分出色。他不断将自己的体验和见闻整理成书出版，名誉与金钱相继滚滚而来。

阿尔伯特并没有就此满足，他敏锐地观察到，他所在的纽约州东奥罗拉，当时已经渐渐成为人们度假旅游的最佳选择之一，但这里的旅馆业却非常不发达。这是一个很好的商机，阿尔伯特没有放弃这个机会。他抽出时间亲自在市中心周围做了两个月的调查，了解市场的行情，考察周围的环境和交通。他甚至亲自入住一家当地经营得非常出色的旅馆，去研究其经营的独到之处。后来，他成功地从别人手中接手了一家旅馆，并对其进行了彻底的改造和装潢。

在旅馆装修时，他根据自己的调查，接触了许多游客。他了解到游客们的喜好、收入水平、消费观念，更注意到这些游客正是因为对于繁忙工作的厌倦，才在假期来这里放松的，他们需要更简单的生活。因此，他让工人制作了一种简单的直线型家具。这个创意一经推出，很快受到了人们的关注，游客们非常喜欢这种家具。他再一次抓住了这个机遇，一个家具制造厂诞生了。家具公司蒸蒸日上，也证明了他准备工作的成效。同时他的出版社还出版了《菲利士人》和《兄弟》两份月刊，其影响力在《致加西亚的信》一书出版后达到顶峰。

我们可以看到，阿尔伯特的成功是建立在充分的准备基础上的，充分的准备使他在面临机遇时能够果断出击，从而成就了他辉煌的事业。

阿尔伯特深深地体会到，准备是执行力的前提，是工作效率的基础。因此，他不但自己在做任何决策前都认真准备，还把这种好习惯灌输给他的员工。值得庆幸的是，不久之后，"你准备好了吗？"已经成为他们公司全体员工的口头禅，成功地形成了"准备第一"的企业文化。在这样的文化氛围中，公司的执行力得到了极大的提升，工作效率自然是显而易见的。

同样，如果我们要提高自己的工作效率，成为一名职场中的高效能人士，也应当像阿尔伯特·哈伯德一样，在行动之前做好充分的工作准备。

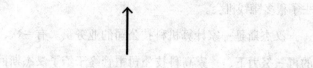

# 守时

时间是一个人最宝贵的财富。因为正是时间一点一滴地累积成人的生命。但时间又是无情的，它不能挽回、不可逆转、不可贮存，且永不再生。

如果你想成为一名真正的高效能人士，就必须认清时间的价值，认真计划，准时做每一件事。这是每一个人只要肯做就能做到的，也是一个人走向成功的必由之路。如果你连时间都管理不好，那么，你也就不要再奢望自己能管理好其他的任何事物，更不要奢望金钱源源而来。

## 一、重视"5分钟的价值"

博恩·崔西博士曾说，一个人有两个要素，那就是能力和准时，前者又往往是后者所结的果实。所以，真正的高效能人士，极少是不准时的。事事准时者，不仅能增加自身的可信赖感，无形中还增多了自己的时间。

拿破仑曾经说："他之所以能战胜奥地利人，是由于他们（奥地利人）不知道5分钟的价值。"

没有什么比时间更重要，也没有什么比准时更能节省你自己和他人的时间。然而有许多人，也许还包括你，因为不准时，失去了很多赚钱机会。

汉杰斯是一家计算机科技公司的业务员。有一次，在汉杰斯的再三努力下，一家高科技公司主管终于给了汉杰斯回音，约他在某天上午的10点钟到他办公室里去，与他面谈公司装修的项目。

但汉杰斯在那天去见该公司主管时，比约定的时间迟到了20分钟。等他到时，该公司主管已离开办公室，去出席一个会议了。过了几天，汉杰斯便再去见该主管。该公司主管问他那天为什么失约，汉杰斯回答道："呀，鲍勃先生，那天我是在10点20分来的呢！""但是约定的时间是10点钟啊！"该主管提醒他。

汉杰斯还不服气，以辩论的语气回答道："呀！我知道的。但是我以为迟了一二十分钟，是无关紧要的。"

主管很严肃地说："谁说不紧要？你要知道，准时赴约是件极重要的事情。在这件事上，你已经失去了你所向往的那笔业务，因为已在当天下午，公司又接洽好另一个人了。我要告诉你，你不能认为我的时间不值钱，以为等一二十分钟是不要紧的。老实告诉你，在那一二十分钟的时间里，我还预约好两个重要的约会呢！"

汉杰斯的做法很糟糕，因为他浪费时间太多，因为他缺乏准时做事的品德，从而失去了已经落入手中的赚钱机会。

生活好像一盘棋赛，坐在你对面的就是"时间"。而时间抓得住就像金子，抓不住就像流水。时间给迟到者留下的是遗憾，给准时做事的人献上的是众多的成功机遇和数不尽的财富。如果你一再拖延，不准时做事，机遇就会从你的手中溜掉，金钱也会消失得无影无踪，你将如汉杰斯那样在激烈的市场竞争中被淘汰出局，一无所获；如果你说做就做，你就有获胜的可能。

因此，如果你想使自己成为一名高效能人士，就应当养成守时的好习惯，准时完成自己的工作。正如维京公司的总裁布尼斯先生所言："没有什么比守时能更快地激起一位商人的信任感，也没有哪种习惯比总是拖延更快地削弱自己的声誉。"

## 二、准时"赴约"

守时是每个人都应具备的美德，约会迟到，会留给别人毫无诚意的印象。约会守时是很必要的，既节省自己的时间又节省他人的时间。

有一次，拿破仑宴请他的部下，可部下却迟到了，拿破仑独自吃了起来，当他的部下赶到的时候，他说："吃饭的时间过去了，我也吃饱了，我们去工作吧！"

慈善家马修士爵士曾说："我的成功，很重要的原因是我守时，与人约会时我习惯提早一刻钟到达，准时是国王的礼貌、绅士的职责和商人的习惯。"

一个高效能人士应当养成按时赴约的好习惯。不管约会是你提出来的也好，是对方提出来的也好，你都需要比约定时间提前几分钟到达约会地点，这一点很能表现你的诚意和礼貌。如果是你提出的约会，即使你准时到达，如果对方已经在等你，对方心里也会想："是你提出的约会，自己还比我晚到。"这样一来，你的诚意在对方心中会大打折扣。此外，如果你比对方早到的话，可以先熟悉一下周围的环境，酝酿一下和对方见面所聊的话题，准备越充分，越能顺利达到约会的目的。

无论是什么原因，约会时迟到或让别人等都是不良的表现，你会因此被认为是不讲原则、不守信用的人。

也许你约会迟到，让别人等待的原因，多半与工作忙不忙，路上交通是否顺畅，以及多早就开始准备出门无关。或许，你认为迟到了，让别人等会儿，可以体现出自己的重要性。但是别忘了，不能严格地遵守时间，是对你个人信用的极度摧残。

### 三、制订最后期限

我们要做到守时，就应当养成"今日事今日毕"的好习惯。

人性本身是放纵、散漫的，表现就是对目标的坚持、时间的控制等做得不到位，事情不能按时完成。如果拖延已开始影响工作的质量，就会蜕变成一种自我耽误的形式。

当你肆意拖延某个项目、花时间来削大把大把的铅笔，或者在心中预先准备好不能完成工作的借口，你就为自我耽误落下了基石。以巧妙的借口，或有意忙些杂事来逃避某项任务，只能使你在这种坏习惯中越陷越深。今日不清，必然积累，积累就拖延，拖延必堕落、颓废。延迟需要做的事情，会浪费工作时间，也会造成不必要的工作压力。

在工作中我们应当善于为事情设定"最后期限"，任何事情如果没有时间限定，就如同开了一张空头支票。只有懂得用时间限制给自己施加压力，到时才能完成。所以对于一名高效能人士来说，最好制定自己每日的工作时间进度表，记下事情，定下期限。每天都有目标，也都有结果，日清日新。在此，海尔公司"日日清"

的目标管理实践十分值得我们学习。

海尔在实践中建立起一个每人、每天对自己所从事的工作进行清理、检查的"日日清"控制系统。案头文件，急办的、缓办的、一般性材料的摆放，都是有条有理、井然有序；临下班的时候，椅子都放得整整齐齐的。

"日日清"系统包括两个方面：一是"日事日毕"，即对当天发生的各种问题（异常现象），在当天弄清原因，分清责任，及时采取措施进行处理，防止问题积累，保证目标得以实现，如工人使用的"3E"卡，就是用来记录每个人每天对每件事的日清过程和结果；二是"日清日高"，即对工作中的薄弱环节不断改善、不断提高，要求职工"坚持每天提高1%"，70天工作水平就可以提高一倍。

对海尔的客服人员来说，客户对任何员工提出的任何要求，无论是大事，还是"鸡毛蒜皮"的小事，工作责任人必须在客户提出的当天给予答复，与客户就工作细节协商一致。然后毫不走样地按照协商的具体要求办理，办好后必须及时反馈给客户。如果遇到客户抱怨、投诉时，需要在第一时间加以解决，自己不能解决时要及时汇报。

事实上，人们不能准时做事的原因有很多，一些人是不喜欢手头的工作，另一些人则不知道该如何下手。要养成更富效率的新习惯，首先必须找出导致办事拖延的原因。这里我们分析了人们不能按时做事的几大原因，帮你找到合适的应对策略：

1. 如果是工作枯燥乏味，不喜欢工作内容，那么就把事情授权给下属，或雇佣公司外的专职服务。一有可能，就让别人来做。

2. 如果是工作量过大，任务艰巨，面临看似没完没了或无法完成的任务时，那么就将任务分成自己能处理的零散工作，并且从现在开始，一次做一点，在每一天的工作任务表上做一两件事情，直到最终完成任务。

3. 如果是工作不能取得立竿见影的结果或者效益，那么就设立"微型"业绩。要激励自己去做一项几周或几个月都不会有结果的项目很难，但可以建立一些临时性的成就点，以获得你所需要的满足感。

4. 如果是工作受阻，不知从何下手，那么可以凭主观判断开始工作。比如，你不知是否要将一篇报告写成两部分，但你可以先假定报告为一单份文件，然后马上开始工作。如果这种方法不得当，你会很快意识到，然后再进行必要的修改。

# 运用二八法则

帕累托研究发现，社会上的大部分财富被少数人占有了，而且这一部分人口占总人口的比例与这些人所拥有的财富数量，具有极不平衡的关系。帕累托还发现，这种不平衡的模式会重复出现，而且也是可以提前预测的。

于是，帕累托从大量具体的事实中归纳出一个简单而让人不可思议的结论：

如果社会上 20% 的人占有社会 80% 的财富，那么可以推测，10% 的人占有了 65% 的财富，而 5% 的人则占有了社会 50% 的财富。

这样，我们可以得到一个让很多人不愿意看到的结论：一般情况下，我们付出的 80% 的努力，也就是绝大部分的努力，都没有创造收益和效果，或者是没有直接创造收益和效果。而我们 80% 的收获却仅仅来源于 20% 的努力，其他 80% 的付出只带来 20% 的成果。

很明显，二八法则向人们揭示了这样一个真理，即投入与产出、努力与收获、原因和结果之间，普遍存在着不平衡的关系。小部分的努力，可以获得大的收获；起关键作用的小部分，通常就能主宰整个组织的产出、盈亏和成败。

## 一、无所不在的二八法则

现实世界中，只要你用心去体会，你就会发现存在许多 20:80 定律的情况：

20% 的罪犯所犯的案占所有犯罪案的 80%；20% 的粗心大意的司机，引起 80% 的交通事故；20% 的产品，或 20% 的客户，涵盖了公司约 80% 的营业额；20% 的产品，或 20% 的客户，通常占该公司的 80% 的盈利；占公司人数 20% 的业务员，其营业额占公司总营业额的 80%；占出席会议总人数 20% 的与会者，发言率占所有发言的 80%；20% 的地毯面积可能集中了整个地毯 80% 的磨损；80%的时间里，你只穿你衣服的 20%。

也就是说，重要的东西只占了很小的部分，它的比例是 20%，因此，你只要集中精力处理工作中比较重要的 20%的那部分，就可以解决全部工作的 80%。

研究二八法则的专家理查德·科克认为：凡是洞悉了二八法则的人，都会从中受益匪浅，有的甚至会因此改变命运。

理查德·科克在牛津大学读书时，学兄告诉他千万不要上课，"要尽可能做得快，没有必要把一本书从头到尾全部读完，除非你是为了享受读书本身的乐趣。在你读书时，应该领悟这本书的精髓，这比读完整本书有价值得多。"这位学兄想表达的意思实际上是：一本书 80%的价值，已经在 20%的页数中就已经阐明了，所以只要看完整部书的 20%就可以了。

理查德·科克很喜欢这种学习的方法，而且以后一直沿用它。牛津并没有一个连续的评分系统，课程结束时的期末考试就足以裁定一个学生在学校的成绩。他发现，如果分析了过去的考试试题，把所学到知识的 20%，甚至更少的与课程有关的知识准备充分，就有把握回答好试卷中 80%的题目。这就是为什么专精于一小部分内容的学生，可以给主考官留下深刻的印象，而那些什么都知道一点但没有一门精通的学生却不尽如考官之意。这项心得让他并没有披星戴月终日辛苦地学习，但他依然取得了很好的成绩。

理查德·科克到壳牌石油公司工作后，在可怕的炼油厂内服务。他很快就意识到，像他这种既年轻又没有什么经验的人，最好的工作也许是咨询业。所以，他去了费城，并且比较轻松地获取了

Wharton 工商管理的硕士学位，随后加盟一家顶尖的美国咨询公司。上班的第一天，他领到的薪水是在壳牌石油公司的 4 倍。

就在这里，理查德·科克发现了许多二八法则的实例。咨询行业几乎 80% 的成长，来自专业人员不到 20% 的公司。而 80% 的快速升职也只在小公司里才有——有没有才能根本不是主要的问题。

当他离开第一家咨询公司，跳槽到第二家的时候，他惊奇地发现，新同事比以前公司的同事更有效率。

怎么会出现这样的现象呢？新同事并没有更卖力地工作，但他们在两个主要方面充分利用了二八法则。首先，他们明白，80% 的利润是由 20% 的客户带来的，这条规律对大部分公司来说都行之有效。而这样一个规律意味着两个重大信息：关注大客户和长期客户。大客户所给的任务大，这表示你更有机会运用更年轻的咨询人员；长期客户的关系造就了依赖性，因为如果他们要换另外一家咨询公司，就会增加成本，而且长期客户通常不在意价钱问题。

对大部分的咨询公司而言，争取新客户是工作重点。但在他的新公司里，尽可能与现有的大客户维持长久关系才是明智之举。

不久后，理查德·科克确信，对于咨询师和他们的客户来说，努力和报酬之间也没有什么关系，即使有也是微不足道的。聪明人应该看重结果，而不是一味地努力。依照一些解释真理的见解做事，而不是像头老黄牛单纯地低头向前。相反，仅仅凭着脑子聪明和做事努力，不见得就能取得顶尖的成就。

二八法则无论是对企业家、商人还是对计算机爱好者、技术工程师和其他任何人，其意义都十分重大。这条法则能促进企业提高效率，增加收益；能帮助个人和企业以最短的时间获得更多的利润；能让每个人的生活更有效率、更快乐；它还是企业降低服务成本、提升服务质量的关键。

闻名全球的 IBM 公司，它的成功绝不是偶然的。早在 20 世纪60 年代，IBM 公司睿智的管理人员就通晓 20:80 定律，并将其运用于计算机开发创新之中。1963 年，IBM 的计算机系统专家发现，一部计算机约 80% 的使用时间，是花在 20% 的执行指令上的。当时，基于这一重要的发现，公司立刻重写它的操作软件，让大部分的人都能容易接近这 20%。进而轻轻松松使用，因此，与其他竞争者的计算机相比，IBM 制造的计算机更易操作，更有效率，速度更快。这令 IBM 计算机一时风靡全球，成为计算机行业中的佼佼者。

## 二、把握关键客户

一个高效能人士只要分析一下自己成功的因素就知道，二八法则在默默地协助自己走向成功。80% 的成长、获利，来自 20%的顾客。因此公司至少应知道这 20% 的客户，才可以清楚地看见公司未来成长的前景。即你必须先知道这 20% 的"关键人物"是谁，才谈得上以他们为目标，永远留住这些最重要的客户，给他们提供周到的服务。为此，你需要了解这些关键客户的基本资料。这些资料主要有以下几点：

1. 客户的姓名、称谓；

2. 教育背景；

3. 生活水准；

4. 购买能力；

5. 有无决定权；

6. 周围有哪些具有影响力的人；

7. 兴趣、爱好；

8. 社会群体。

如果你的营销对象是群体单位，比方说工厂、公司等，除了要搜集采购人员的个人资料外，还要特别注意搜集某些相关的重要资料：

1. 最高决策人是谁？

2. 最具影响力的人是谁？

3. 哪一个单位要使用？

4. 谁有最终决定权？

5. 哪一个部门负责采购？

准确掌握了这些信息，你就能清楚地区分与判定顾客的价值，从而避免撒大鱼网，最后网到的都是没有什么重大价值的小鱼。

你可以根据客户对你营销业绩的重要性程度，将其分为：

1. 重要客户，即在过去特定期间内，购买金额占比最大的前1%客户；

2. 主要客户，即在特定期间内，消费金额占比最大的5%的客户；

3. 普通客户，除了重要客户与主要客户外，购买金额占比最大的前20%的客户；

4. 小客户，除了上述3种客户外的其他客户。

# 合理利用零碎时间

　　高效能人士善于将零碎的时间有机地运用起来，从而最大限度地提高工作效率。比如在车上时、在等待时，可一边学习、思考或简短地计划下一个行动，等等。充分利用零碎时间，短期内也许没有什么明显的感觉，但经年累月，将会有惊人的成效。

　　本杰明·富兰克林曾说过："世界上真不知有多少可以建功立业的人，只因为把难得的时间轻轻放过而默默无闻。"

　　滴水成河。用"分"来计算时间的人，比用"时"来计算时间的人，时间多 59 倍。

## 一、积少成多，化整为零

　　美国近代诗人、小说家和出色的钢琴家艾里斯顿利用零散时间的方法和体会颇值得借鉴。他写道：

　　其时我大约只有 14 岁，年幼疏忽，对于爱德华先生那天告诉我的一个真理，未加注意，但后来回想起来真是至理名言，从那以后我就得到了不可限量的益处。

　　爱德华是我的钢琴教师。有一天，他给我教课的时候，忽然问我：每天要练习多少时间钢琴？我说每天三四小时。

"你每次练习，时间都很长吗？是不是有个把钟头的时间？"

"我想这样才好。"

"不，不要这样！"他说，"你将来长大以后，每天不会有长时间的空闲的。你可以养成习惯，一有空闲就几分钟几分钟地练习。比如在你上学以前，或在午饭以后，或在工作的休息余闲，5分钟5分钟地去练习。把小的练习时间分散在一天里面，如此则弹钢琴就成了你日常生活中的一部分了。"

当我在哥伦比亚大学教书的时候，我想兼职从事创作。可是上课、看卷子、开会等事情把我白天、晚上的时间完全占满了。差不多有两个年头我一字不曾动笔，我的借口是没有时间。后来才想起了爱德华先生告诉我的话。到了下一个星期，我就把他的话实践起来。只要有5分钟左右的空闲时间我就坐下来写作100字或短短的几行。

出乎意料，在那个星期的终了，我竟积累了相当多的稿子。

后来我用同样积少成多的方法，创作长篇小说。我的教授工作虽一天繁重一天，但是每天仍有许多可以利用的空闲时间。我同时还练习钢琴，发现每天小小的间隙时间，足够我从事创作与弹琴两项工作。

利用短时间，其中有一个诀窍：你要把工作进行得迅速，如果只有5分钟的时间给你写作，你切不可把4分钟消磨在咬你的铅笔尾巴上。思想上事前要有所准备，到工作时间来临的时候，立刻把心神集中在工作上。实际上，迅速集中脑力，并不像一般人所想象的那样困难。

艾里斯顿的经历告诉我们，生活中有很多零散的时间是大可利用的，如果你能化零为整，那你的工作和生活将会更加轻松。

所谓零碎时间，是指不构成连续的时间或一个事务与另一事务衔接时的空余时间。这样的时间往往被人们毫不在乎地忽略过去。零碎时间虽短，但倘若一日、一月、一年地不断积累起来，其总和将是相当可观的。凡是在事业上有所成就的人，几乎都是能有效地利用零碎时间的人。

富兰克林在有效利用零碎时间方面堪称楷模，他曾说："我把整段时间称为'整匹布'，把点滴时间称为'零星布'，做衣服有整料固然好，整料不够就尽量把零星的用起来，天天二三十分钟，加起来，就能由短变长，派上大用场。"这是成功者的秘诀，也是我们学习借鉴的好方法。

伟大的生物学家达尔文也曾说："我从来不认为半小时是微不足道的一段时间。"诺贝尔奖获得者雷曼的体会更加具体，他说："每天不浪费、不虚度或不空耗剩余的那一点时间。即使只有五六分钟，如果利用起来，也一样可以有很大的成就。"把时间积零为整，精心使用，这正是古今中外很多科学家取得辉煌成就的奥妙之一，也是我们应该从他们身上学到的优点之一。

## 二、名人是如何利用零碎时间的

爱因斯坦曾组织过享有盛名的"奥林比亚科学院"，每晚例会，他总是愿意同与会者手捧茶杯，边喝茶，边谈话。爱因斯坦就是利用这种闲暇时间，交流自己的思想，把这些看似平常的时间利用起来。后来他的某些思想主张，他的各种科学创见，在很大程度上产生于这种饮茶之余的时间里。

爱因斯坦并没有因为这是闲暇时间而休息，而是在休闲时工作，在工作中休闲饮茶，这是很好的结合。现在，茶杯和茶壶已渐渐地成为英国剑桥大学的一项"独特设备"，以纪念爱因斯坦的利用闲暇时间的创举。鼓励科学家利用剩余时间，创造更大的成就，在饮茶时沟通学术思想，交流科学成果。这种"闲不住"的人们可以在闲暇时间里积极开创自己的"第二职业"。

英国文学史上著名女作家艾米莉·勃朗特在年轻的时候，除了写作小说，还要承担全家繁重的家务劳动，例如烤面包、做菜、洗衣服等。她在厨房劳动的时候，每次都随身携带铅笔和纸张，一有空隙，就立刻把脑子里涌现出来的思想写下去，然后再继续做饭。

美国著名作家杰克·伦敦的房间，有一种独一无二的装饰品，那就是窗帘上、衣架上、橱柜上、床头上、镜子上、墙上……到处贴满了各色各样的小纸条。杰克·伦敦非常偏爱这些纸条，几乎和它们形影不离。这些小纸条上面写满各种各样的文字：有美妙的词汇，有生动的比喻，有五花八门的资料。杰克·伦敦从来都不愿让时间白白地从他眼皮子底下溜过去。睡觉前，他默念着贴在床头的小纸条；第二天早晨一觉醒来，他一边穿衣，一边读着墙上的小纸条；刮脸时，镜子上的小纸条为他提供了方便；在踱步、休息时，他可以到处找到启动创作灵感的语汇和资料。不仅在家里是这样，外出的时候，杰克·伦敦也不轻易放过闲暇的一分一秒。出门时，他早已把小纸条装在衣袋里，随时都可以掏出来看一看，想一想。

若论工作量，很少有人能超过英文《新约圣经》的翻译者詹姆斯·莫法特。据他的一位朋友说，他的书房里有3张桌子，一张摆着他正在翻译的《圣经》译稿；一张摆的是他的一篇论文的原稿；在第三张桌子上，是他正在写的一篇侦探小说。

莫法特的休息方法就是从一张书桌搬到另一张书桌，继续工作。

疲劳常常只是厌倦的结果，要消除这种疲劳，停止工作是不行的，必须变换工作。一个人要是能做一种以上的事，他会活得更有劲。即使这件工作无关紧要，只要他喜欢便行。真正的休息需要不断和能力的来源保持接触。就像汽车的电瓶用完了，光是把电瓶拿出来是不够的，一定要把它拿去充电，得到新的能源，才能够再使用。

闲暇对于智者来说是思考，对于享受者来说是养尊，对于愚者来说是虚度。

## 三、合理利用生活中零碎时间

要合理利用好零碎时间，我们需要做好下面几点：

1. 提高执行速度

动作的快慢决定着需耗用的时间长短。

一个闲着无事的老大爷，为了给远方的孙女寄张明信片，可以花上一天的时间。老大爷买明信片用了两个小时，找老花镜用了两个小时，找地址用了一个小时，写明信片用了两个小时，投寄明信片用了一个小时。

换一个动作迅捷的人，那么只需用几分钟的时间他便能办好这位老大爷一天所做的事。

2. 利用"边角料"时间

我们所强调的时间观念和节奏观念，都是为了提高办事效率，如果一个小时就把需要两个小时办的事情办完了，其效率就提高了一倍。将更多的事情安排在有限的时间里完成，这多么有意义！

时间在鲁迅先生的笔下被比作海绵里的水，挤，便会有。做事情只有快，却不懂得"挤"时间，也是不完美的。高效能人士要养成一种敢于挤、善于挤的精神。养成挤时间的良好习惯，对于学习是非常重要的。那么你如何在快速的生活节奏和繁忙的工作中挤出时间呢？

我们要提高时间的利用率，就要学会化零为整，善于把时间的"边角余料"拼凑起来，加以利用。

吴华和朋友新开了一家公关咨询公司，一年接下约130个案子，她每年旅行各地，有很多时间是在飞机上度过的。她相信和客户维持良好的关系是很重要的。所以她常利用飞机上的时间写短签给他们。一次，一位同机的旅客在等候提取行李时和她攀谈，他说："我在飞机上注意到你，在2小时48分钟里，你一直在写短签，我敢说你的老板一定以你为荣。"这个青年人回答："我就是老板。"不仅要做事业上的老板，还要学会做时间的"老板"。

在实际生活和工作中不管你多么有效率，总是有机会让你等待：你可能错过公车、地铁、飞机，碰上出其不意的中途休息；你也许已经尽可能地小心计划每一件事，但是你可能意外地被困在机场，平白多了 3 个小时可利用。而所有成功人士在这种情况下所做的事是："我带本书；我写东西；我修改报告。我们可以在这样的时间里做任何的工作。"这样，你不但挖掘出了你隐藏的时间，而且你也向成功者的行列迈进了一步。

3. 善于利用假日

按照中国的有关规定，每个人每年节假日的休息时间为 10 ~ 11 天，再加上周末的时间，一年就会有 130 天左右的假期。如果你把这段时间巧妙地加以利用，也会有一定的收获。

著名数学家科尔用了 3 年内的全部星期天解开了 "2 的 62 次方减 1 是质数还是合数" 的数学难题。

这 3 年的星期天是多么有意义啊！其实，时间就在我们手中，就是看你去怎样利用它。能够掌握好自己时间的人，才会是一个真正的高效能人士。

↑

# 戒了吧，拖延症

对于一名高效能人士来说，拖延是最具破坏性的，它是一种最危险的恶习，它使人丧失进取心。一旦开始遇事推脱，就很容易再次拖延，直到变成一种根深蒂固的习惯。

我们常常因为拖延时间而心生悔意，然而下一次又会惯性地拖延下去。几次三番之后，我们竟视这种恶习为平常之事，以致漠视了它对工作的危害。

拖延与无所谓的耽搁有本质区别。一个公司常常会因小小的耽搁而导致巨大的损失。1989 年 3 月 24 日，埃森特公司的一艘巨型油轮在阿拉斯加触礁，原油大量泄漏，给生态环境造成了巨大破坏，但埃森特公司却迟迟没有做出外界期待的反应，以致引发了一场"反埃森特运动"，甚至惊动了当时的布什总统。埃森特公司为此花费了数亿美元，但仍无法挽回受损的企业形象。

一名高效能人士做事从不拖延，在日常工作中，他们知道自己的职责是什么，在上司交办工作的时候，他们只有两个回答。一个是："是的，我立刻去做！"另一个是："对不起，这件事我干不了。"某件工作能做就立刻去做，不能做就立刻说出自己不能做，拖延往往与高效能人士无关。

社会学家费哈·库因曾经提出一个概念，叫作"力量分析"。在这里面，他描述了两种力量：阻力和动力。他说，有些人一生都踩着刹车前进，比如被拖延、害怕和消极的想法捆住手脚；有的人则是一路踩着油门呼啸前进，比如始终保持积极、合理和自信的心态。这一分析同样适用于工作。如果你希望自己能够成为一名高效能人士，在工作中取得良好的发展，你得把脚从刹车踏板——拖延上挪开。

## 一、拖延无助于问题的解决

拖延无助于问题的解决。无论是公司还是个人，没有在关键时刻及时作出决定或行动，而让事情拖延下去，这会给自身带来严重的伤害。那些经常说"唉，这件事情很烦人，还有其他的事等着做，先做其他的事情吧"的人，总是奢望随着时间的流逝，难题会自动消失或有另外的人解决它，这永远只能是自欺欺人。一个人无论用多少方法来逃避责任，该做的事，还是得做。

拖延并不能使问题消失也不能使解决问题变得容易起来，而只会使问题深化，给工作造成严重的危害。就像上文埃森特公司的例子一样。我们没解决的问题，会由小变大、由简单变复杂，像滚雪球那样越滚越大，解决起来也越来越难。而且没有任何人会为我们承担拖延的损失，因此，拖延工作的后果是十分严重的。

商场如战场，机会稍纵即逝。那些做事拖延的人是无法成为真正的高效能人士的。拖延无助于问题的解决。如果你想让自己提高做事的效能，就应当立即废除拖延，马上行动。

## 二、不为拖延找借口

那些习惯性的拖延者通常也是制造借口与托词的专家。如果你存心拖延逃避，你就能找出成千上万个理由来辩解为什么事情无法完成，而对事情应该完成的理由却想得少之又少。把"事情太困难、代价太高、太花时间"等种种理由合理化，要比相信"只要我们更努力、更聪明、信心更强，就能完成任何事"的念头容易得多。

做事拖延的人无法接受承诺，只想找借口。如果你发现自己经常为没有做某些事而制造借口，或想出千百个理由为事情未能按计划实施而辩解，这时候你就应当认真反省一下了。

找借口是拖延者的恶习。例如，每当自己要付出劳动时，或要作出抉择时，我们总会为自己找出一些借口来安慰自己，总想让自己轻松些、舒服些。有些人能在瞬间果断地战胜惰性，积极主动地面对挑战；有些人却深陷于"激战"泥潭，被主动和惰性拉来拉去，不知所措，无法定夺……时间就这样一分一秒地浪费了。

人们都有这样的经历，清晨闹钟将你从睡梦中惊醒，这时，你想起自己所订的计划，对自己说：该起床了。同时却感受着被窝里的温暖，便禁不住给自己寻找借口——再等一会儿。于是，在反复拖延之中，又躺了五分钟，甚至十分钟……

对付惰性最好的办法就是根本不让惰性出现，惰性一旦浮现，即使是摆出与惰性开仗的架势也难知胜负。往往在事情的开端，总是积极的想法在先，然后当头脑中冒出"我是不是可以……"这样的问题时，惰性就出现了，"战争"也就开始了。一旦开仗，结果就很难说了。所以，要在积极的想法一出现时就马上付诸行动，让惰性没有乘虚而入的可能。

工作中只有两种行为：要么努力挑战困难，要么就不停地用借口来辩解。前者可以带来成功，而后者只能走向失败。

IBM 公司总裁老托马斯·沃森在看到一些做事拖拉的年轻员工时惋惜地说："人们如此善于找借口，却无法将工作做好，的确是一件非常奇怪的事。如果那些一天到晚想着如何欺瞒的人，能将这些精力及创意的一半用到正途上，他们就有可能取得巨大的成就。"

克服拖延的习惯，并将其从自己的个性中根除。这种把你应该在上星期、去年或甚至十几年前该做的事情拖到明天去做的习惯，是造成你工作效率低下的一个重要原因。除非你革除了这种坏习惯，否则你将难以取得任何成就。有许多方法可以帮你克服拖延的恶习：

第一，每天从事一件明确的工作，而且不必等待别人的指示就能够主动去完成。

第二，到处寻找，每天至少找出一件对其他人有价值的事情，而且不期望获得报酬。

第三，每天要将养成这种主动工作习惯的价值告诉别人，至少要告诉一个人。

## 三、最佳的工作完成期是昨天

对于一名高效能人士来说，最佳的工作完成期永远是昨天。比尔·盖茨说过这样的话："过去，只有适者能够生存；今天，只有最快处理完事务的人能够生存。"

只有做事高效的人才能挤出时间来完成更多的事，这也是帕金森定律所揭示的内容之一。帕金森定律认为，低效的工作会占满所有的时间。

避免帕金森定律产生作用的办法似乎很明显：为某一工作留出较短的时间，也就是说，不要把工作战线拉得太长，而是尽快完成各项任务——当然，必须保证工作完成的质量。如果不这样做，你对待那些困难的或者轻松的工作就会产生惰性，因为没有期限或者由于期限较长，你认为可以以后再说。如果你只是从工作而不是从可用的时间上去想，你就会陷入一种过度追求完美的危境之中。你会巨细不分，且又安慰自己已经把某项（实际上是次要的）工作做得很完美，这样做的结果只能是把主要的目标落空了。

　　某公司老板要赴国外公干，而且要在一个国际性的商务会议上发表演说。他身边的几位工作人员于是忙得头晕眼花，要把他所需的各种物件都准备妥当，包括演讲稿在内。

　　在该老板赴洋的那天早晨，各部门主管也来送机。有人问其中一个部门主管："你负责的文件打好了没有？"

　　对方睁着惺忪睡眼，道："今早只睡4小时，我熬不住睡着了。反正我负责的文件是以英文撰写的，老板看不懂英文，在飞机上不可能复读一遍。待他上飞机后，我回公司去把文件打好，再以电讯传过去就可以了。"

　　谁知，老板驾到后，第一件事就问这位主管："你负责预备的那份文件和数据呢？"这位主管按他的想法回答了老板。老板闻言，脸色大变："怎么会这样？我已计划好利用在飞机上的时间，与同行的外籍顾问研究一下自己的报告和数据，别白白浪费坐飞机的时间呢！"

　　闻言，这位主管的脸色一片惨白。

　　一名高效能人士，在任何时候，都不会自作聪明地设计工作期限，把希望工作的完成期限按照自己的计划往后延。相反，高效能人士都会牢记工作期限，并清楚地明白，最理想的任务完成日期是昨天。这一看似荒谬的要求，是保持恒久竞争力不可缺少的因素，也是唯一不会过时的东西。

在人才竞争激烈的公司里，要想立于不败之地，我们必须奉行"把工作完成在昨天"的工作理念。一个总能在"昨天"完成工作的人，将永远是一个高效能的工作者。

图书在版编目（CIP）数据

高效能思维 / 连山著 . –– 北京：中国华侨出版社，
2019.9（2020.7 重印）

ISBN 978-7-5113-7950-4

Ⅰ . ①高… Ⅱ . ①连… Ⅲ . ①思维方法—通俗读物
Ⅳ . ① B804–49

中国版本图书馆 CIP 数据核字（2019）第 167714 号

# 高效能思维

著　　者：连　山
责任编辑：姜薇薇
封面设计：冬　凡
文字编辑：胡宝林
美术编辑：刘欣梅
经　　销：新华书店
开　　本：880mm×1230mm　1/32　印张：6　字数：135 千字
印　　刷：三河市兴博印务有限公司
版　　次：2019 年 9 月第 1 版　2020 年 7 月第 2 次印刷
书　　号：ISBN 978-7-5113-7950-4
定　　价：35.00 元

中国华侨出版社　北京市朝阳区西坝河东里 77 号楼底商 5 号　邮编：100028
法律顾问：陈鹰律师事务所
发 行 部：（010）88893001　　传　　真：（010）62707370
网　　址：www.oveaschin.com　　E－m a i l：oveaschin@sina.com

如果发现印装质量问题，影响阅读，请与印刷厂联系调换。